東京大学工学教程

情報工学

アルゴリズム

東京大学工学教程編纂委員会 編　　渋谷哲朗 著

Algorithms

SCHOOL OF ENGINEERING
THE UNIVERSITY OF TOKYO

丸 善 出 版

東京大学工学教程

編纂にあたって

東京大学工学部，および東京大学大学院工学系研究科において教育する工学はいかにあるべきか．1886 年に開学した本学工学部・工学系研究科が 125 年を経て，改めて自問し自答すべき問いである．西洋文明の導入に端を発し，諸外国の先端技術追奪の一世紀を経て，世界の工学研究教育機関の頂点の一つに立った今，伝統を踏まえて，あらためて確固たる基礎を築くことこそ，創造を支える教育の使命であろう．国内のみならず世界から集う最優秀な学生に対して教授すべき工学，すなわち，学生が本学で学ぶべき工学を開示することは，本学工学部・工学系研究科の責務であるとともに，社会と時代の要請でもある．追奪から頂点への歴史的な転機を迎え，本学工学部・工学系研究科が執る教育を聖域として閉ざすことなく，工学の知の殿堂として世界に問う教程がこの「東京大学工学教程」である．したがって照準は本学工学部・工学系研究科の学生に定めている．本工学教程は，本学の学生が学ぶべき知を示すとともに，本学の教員が学生に教授すべき知を示す教程である．

2012 年 2 月

2010–2011 年度
東京大学工学部長・大学院工学系研究科長　北　森　武　彦

東京大学工学教程

刊 行 の 趣 旨

現代の工学は，基礎基盤工学の学問領域と，特定のシステムや対象を取り扱う総合工学という学問領域から構成される．学際領域や複合領域は，学問の領域が伝統的な一つの基礎基盤ディシプリンに収まらずに複数の学問領域が融合したり，複合してできる新たな学問領域であり，一度確立した学際領域や複合領域は自立して総合工学として発展していく場合もある．さらに，学際化や複合化はいまや基礎基盤工学の中でも先端研究においてますます進んでいる．

このような状況は，工学におけるさまざまな課題も生み出している．総合工学における研究対象は次第に大きくなり，経済，医学や社会とも連携して巨大複雑系社会システムまで発展し，その結果，内包する学問領域が大きくなり研究分野として自己完結する傾向から，基礎基盤工学との連携が疎かになる傾向がある．基礎基盤工学においては，限られた時間の中で，伝統的なディシプリンに立脚した確固たる工学教育と，急速に学際化と複合化を続ける先端工学研究をいかにしてつないでいくかという課題は，世界のトップ工学校に共通した教育課題といえる．また，研究最前線における現代的な研究方法論を学ばせる教育も，確固とした工学知の前提がなければ成立しない．工学の高等教育における二面性ともいえ，いずれを欠いても工学の高等教育は成立しない．

一方，大学の国際化は当たり前のように進んでいる．東京大学においても工学の分野では大学院学生の四分の一は留学生であり，今後は学部学生の留学生比率もますます高まるであろうし，若年層人口が減少する中，わが国が確保すべき高度科学技術人材を海外に求めることもいよいよ本格化するであろう．工学の教育現場における国際化が急速に進むことは明らかである．そのような中，本学が教授すべき工学知を確固たる教程として示すことは国内に限らず，広く世界にも向けられるべきである．2020 年までに本学における工学の大学院教育の 7 割，学部教育の 3 割ないし 5 割を英語化する教育計画はその具体策の一つであり，工学の教育研究における国際標準語としての英語による出版はきわめて重要である．

現代の工学を取り巻く状況を踏まえ，東京大学工学部・工学系研究科は，工学の基礎基盤を整え，科学技術先進国のトップの工学部・工学系研究科として学生が学び，かつ教員が教授するための指標を確固たるものとすることを目的として，時代に左右されない工学基礎知識を体系的に本工学教程としてとりまとめた．本工学教程は，東京大学工学部・工学系研究科のディシプリンの提示と教授指針の明示化であり，基礎（2 年生後半から 3 年生を対象），専門基礎（4 年生から大学院修士課程を対象），専門（大学院修士課程を対象）から構成される．したがって，工学教程は，博士課程教育の基盤形成に必要な工学知の徹底教育の指針でもある．工学教程の効用として次のことを期待している．

- 工学教程の全巻構成を示すことによって，各自の分野で身につけておくべき学問が何であり，次にどのような内容を学ぶことになるのか，基礎科目と自身の分野との間で学んでおくべき内容は何かなど，学ぶべき全体像を見通せるようになる．
- 東京大学工学部・工学系研究科のスタンダードとして何を教えるか，学生は何を知っておくべきかを示し，教育の根幹を作り上げる．
- 専門が進んでいくと改めて，新しい基礎科目の勉強が必要になることがある．そのときに立ち戻ることができる教科書になる．
- 基礎科目においても，工学部的な視点による解説を盛り込むことにより，常に工学への展開を意識した基礎科目の学習が可能となる．

東京大学工学教程編纂委員会　委員長　光石　衛
幹　事　吉村　忍

情報工学

刊行にあたって

情報工学関連の工学教程は全 23 巻からなり，その相互関連は次ページの図に示すとおりである．この図における「基礎」と「専門基礎」の分類は，情報工学に関連する専門分野を専攻する学生を対象とした目安である．矢印は各分野の相互関係および学習の順序のおおよそのガイドラインを示している.「基礎」は，教養学部から工学部の 3 年程度の内容であり，工学部のすべての学生が学ぶべき基礎的事項である.「専門基礎」は，情報工学に関連する専門分野を専攻する学生が 3 年から大学院で学科・専攻ごとの専門科目を理解するために必要とされる内容である.「専門基礎」の中でも，図の上部にある科目は，工学部の多くの学科・専攻で必要に応じて学ぶことが適当であろう．情報工学は情報を扱う技術に関する学問分野であり，数学と同様に，工学のすべての分野において必要とされている．情報工学は常に発展し大きく変貌している学問分野であるが，特に「基礎」の部分は確立しており，工学部のすべての学生が学ぶ基礎的事項から成り立っている．「専門基礎」についても，工学教程の考えに則り，長く変わらない内容を主とすることを心掛けている．

*　　*　　*

アルゴリズムは情報工学の根幹をなす概念のひとつであり，あらゆる情報技術はアルゴリズムの概念なしには成り立たないといってよい．したがって，情報工学やそれにもとづく多くの工学的応用を理解するためには，アルゴリズムの概念の習得を避けて通ることはできない．本書では，まず，アルゴリズムを理解するために必要な計算量などの基礎概念から始め，配列やグラフ，文字列などの基本的データを扱うための最も基本的なアルゴリズムやデータ構造を習得する．さらに，アルゴリズムを理解あるいは設計するのに必要となる基本的なアルゴリズム設計戦略についても学ぶ.

東京大学工学教程編纂委員会
情報工学編集委員会

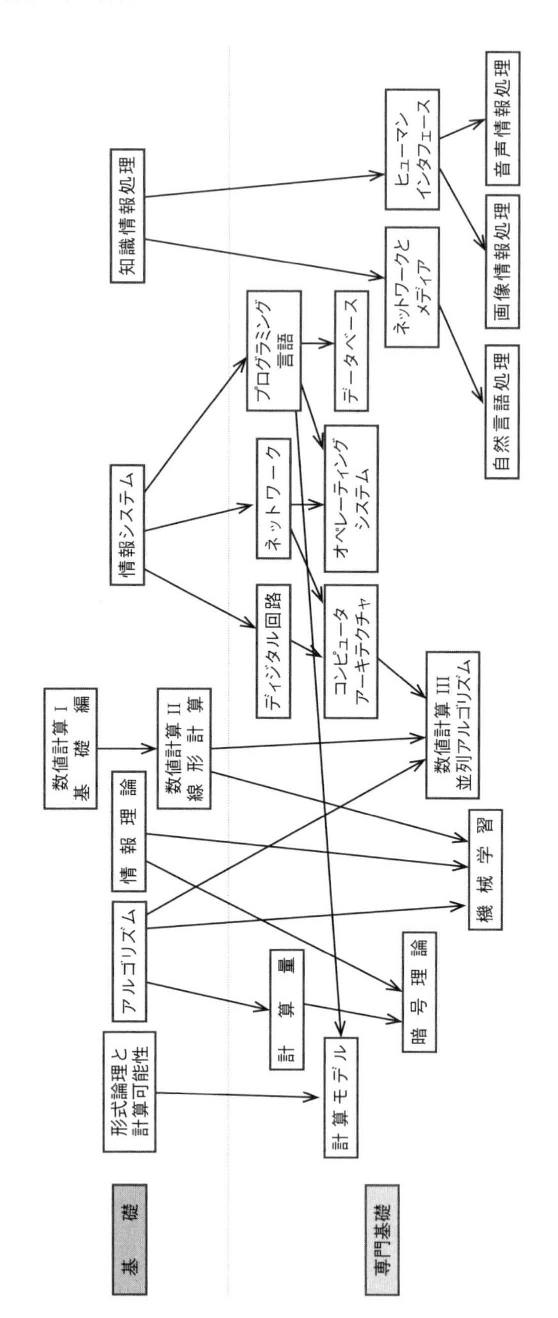

工学教程（情報工学分野）の相互関連図

目　　次

はじめに

過去半世紀以上にわたり情報技術は目にもとまらない速さで発展してきたが，その始まりから今日にいたるまで「アルゴリズム」は一貫して情報技術の重要な根幹として存在し続けてきた．どのような分野であれ，効率の良いプログラムを書く，効率の良いシステムを設計する，あるいはソフトウェアの動きを理解するなどにあたってアルゴリズムの理解は避けて通ることはできないし，今後さらに情報技術が発展してもこのことは変わらないだろう．

本書は，情報科学・情報工学の初学者が学ぶべき特に重要で基本的なアルゴリズムとその概念を列挙したものである．アルゴリズムの説明はなるべく簡明なものとし，それぞれのアルゴリズムの特に重要な要点を伝えるよう努めた．これらのアルゴリズムを理解し自分のものとすることができれば，現存するもの，これから登場するものを問わず，様々な情報技術を理解し，さらには今後実際に情報科学・情報工学の発展へ貢献していくための大きな素地となるだろう．

本書を読むにあたり，載っているアルゴリズムを暗記するようなことはせず，なぜそのように設計されているかを考え，それぞれのアルゴリズムの概念を読み取る努力をして欲しい．また，いきなりそれぞれのアルゴリズムの記述を読むのではなく，その問題を解くとすると自分ならばどのように解くかをその記述を読む前に考えてほしい．そうすることでアルゴリズムに関する理解はより深まるだろうし，情報技術にとどまらず，科学技術一般において必要とされる論理的能力，数学的能力も鍛えられるだろう．

なお，それぞれのアルゴリズムや理論をより深く理解する一助として，定評のある参考書を多くはないがいくつか紹介した．特に興味を持ったアルゴリズムなどについては，その周辺をより理解するためにそれらの参考書も手に取ることを強く薦めたい．

一方で，アルゴリズムの理解だけでは，プログラミングができるようになるには不足である．プログラミング技術を実際に深めるためには，ぜひ本書のアルゴリズムのうちいくつかについて自分の手でプログラムすることも強く薦めたい．また，本書のほとんどのアルゴリズムは情報科学・情報工学における最も基本的なものであり，それらの多くはライブラリやソースコードを手に入れることも可能である．ぜひ，自分の書いたプログラムとそれらのソースコードを比較するといったことも行って欲しい．そうすることで，アルゴリズムの実際の実装に関する理解も深まるだろう．

本書が今後の情報科学・情報工学の発展に少しでも寄与するならば，著者にとってこれほどうれしいことはない．この本の出版にあたっては，企画，査読を通して多くの先生方の協力を得た．それらの先生方へ感謝の意を表したい．

2015 年 2 月

渋 谷 哲 朗

1　アルゴリズムと計算量

今日，日常のあらゆる場面で計算機（コンピュータ）が用いられており，計算機を用いない生活場面はほとんど考えられない．それらの計算機上では，常に何らかのソフトウェアが何らかの入力データを何らかの方法にしたがって処理し，何らかの出力を行っている．しかし計算機は，「入力に対してこんな出力が欲しい」といった解きたい問題に対してその出力をどのようにして計算すればよいかを自分で考えることはできず，「その問題をどのようにして解くか」を計算機に対して指定して初めてその問題を解くことが可能となる．この，計算機を用いて何らかの問題を解く際の手続き（解き方）のことを一般的に**アルゴリズム**といい，それを計算機上で実際に実行可能な命令列として実現したもののことを**プログラム**という．先に出てきた「ソフトウェア」とは，そのようなプログラム，あるいはプログラムの集合体だと位置づけることができ，そういったソフトウェア開発の上でアルゴリズムは理解・学習が欠かせない最も重要な概念のひとつである．この章では，アルゴリズムをどのように記述し，さらにアルゴリズムの効率性や正確さをどのように評価するかについて議論する．

1.1　アルゴリズムの記述法

計算機上のプログラムは，通常何らかのプログラミング言語を用いて記述されるため，それらの言語を用いればアルゴリズムを表現することがもちろん可能である．しかしながら，それらのプログラミング言語は計算機で厳密に実行可能であるように設計されているため，アルゴリズムを抽象的に記述するのには向いているとはいえない．また，特定のプログラミング言語を用いてアルゴリズムを記述してしまうと，その言語を知らない者が理解できない可能性もある．そのため，アルゴリズムの記述は特定のプログラミング言語よりも抽象度の高い方法によって行われることが多い．

一つの方法は，自然言語によって記述することである．ただ，単純に自然言語のみでは記述しづらい，あるいは記述できてもアルゴリズムの構造がわかりにくいことも多いため，番号つきの箇条書きなどと組み合わせて記述することも多い．たとえば，以下の記述は，最大公約数を求める有名な **Euclid**（ユークリッド）の**互除法**を箇条書きを用いて自然言語で表したものである．

アルゴリズム 1.1 (Euclid の互除法) 二つの整数 m, n の最大公約数を求める．

(1) m を n で割った余りを計算し r とする．
(2) r が 0 であれば，n が求める最大公約数であり，n を出力して終了する．
(3) n を m に代入し，r を n に代入し，(1) に戻る．

自然言語による記述の利点はその直接的なわかりやすさであるが，欠点としては，条件分岐が複雑になってくるとアルゴリズムの流れが容易には把握しづらいことなどが挙げられる．そのような条件分岐を比較的わかりやすく視覚的に表現する手法として，**フローチャート**がある．フローチャートはプログラムあるいはアルゴリズムの各ステップを四角い箱などで表現し，その間の計算の流れや条件分岐を矢印などで視覚的に表現したものである．図 1.1 は，アルゴリズム 1.1 をフローチャートで表現したものである．フローチャートによる表現の利点は，そのアルゴリズムの流れを視覚的に把握しやすいことであるが，欠点としては，複雑なアルゴリズムでは矢印が錯綜することや，アルゴリズムの中で条件分岐のみがクローズアップされてしまうといったことが挙げられ，複雑なアルゴリズムの記述が容易であるとは必ずしもいえない．

通常，計算機上でアルゴリズムを実際に実現するには，プログラムを書かねばならない．すなわち，実現可能なアルゴリズムは実際のプログラミング言語を用いれば記述可能なはずである．しかし，特定のプログラミング言語で書かれたコー

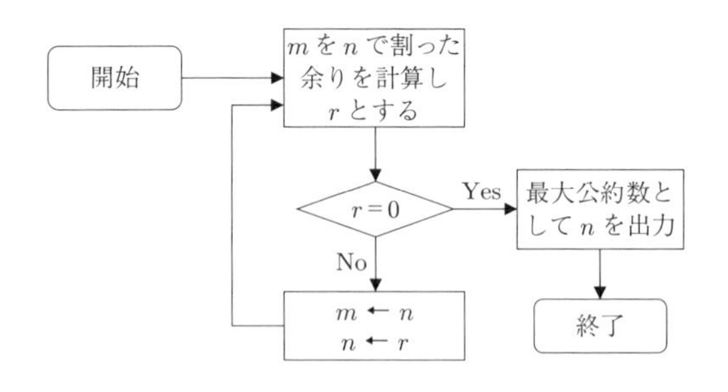

図 1.1　Euclid の互除法のフローチャートによる表現．

ドは，その言語を知らない者にはわかりづらいだけでなく本質的とはいえない細かいコードが多く含まれることになり，全体を把握することが難しい．そこで，アルゴリズムの記述の方法として，何らかの実在の言語をもとにしながら，その言語を知らない者でも理解できるような擬似的な言語でアルゴリズムを記述することが考えられる．そのようなコードのことを**擬似コード**とよぶ．図 1.2 (2) は，アルゴリズム 1.1 を C 言語風の擬似コードで記述した例である[*1]．もととした C 言語のコードも図 1.2 (1) に載せている．ここでは，C 言語特有の演算子である “=”, “==”, “%” などを知らなくても理解できるように工夫した他，自然言語や数学用記号も適切に用いつつわかりやすくしている．なお，ここでは C 言語をもとにした擬似コードの例を挙げたが，もとにする言語は他の言語であっても構わない．

1.2 アルゴリズムの計算量

与えられたある問題において，入力から欲しい出力を計算するアルゴリズムは多くの場合一意ではなく，計算資源を有効に活用するためには，ありうる様々なアルゴリズムの中からなるべく効率の良いアルゴリズムを選ぶことが必要である．しかしその「効率が良い」かどうかはどのように評価すればよいのだろうか？

まず考えられるのは，特定の入力に対してそのアルゴリズムを何らかの計算機上で動かしたときの実際の計算時間をそのまま評価基準として用いることである．

```
1  int gcd(int n, int m) {
2     int r;
3     r = m % n;
4     if (r == 0) {
5        return n;
6     } else {
7        return gcd(r, n);
8     }
9  }
```

(1) C 言語による関数記述.

```
1  gcd(n, m) {
2     r ← m を n で割った余り;
3     r = 0 ならば n を最大公約数として出力;
4     そうでなければ gcd(r, n) を計算して出力;
5  }
```

(2) 「C 言語風」の擬似コード.

図 1.2 Euclid の互除法の擬似コードによる記述.

*1 ここで「C 言語風」と称したことでもわかるように，実際には，擬似コードの書き方に決まりがあるわけではない．擬似コードを書く際には，読み手がアルゴリズムを理解しやすいように書くことが第一である．

しかしながらアルゴリズムの計算時間は入力が異なれば異なるため，ある入力に対してきわめて高速に計算できたからといって他の入力に対しても同じことがいえるわけではないし，だからといってすべての考えられる入力データに対して計算時間を計測することも現実的ではない．しかも，たとえ同じアルゴリズムと同じ入力であったとしても，実装が少し異なるだけでも計算時間は異なってくるし，用いる計算機環境や用いるプログラミング言語が異なってもやはり計算時間は異なってしまう．そのため，アルゴリズムの計算時間の実測値はそのアルゴリズムの効率性のある程度の目安にはなるにしても，アルゴリズムの効率評価のための十分公平な絶対的な指標とは必ずしもいえない．

図 1.3 の二つのアルゴリズムは，いずれも与えられた長さ n の入力配列内のすべての異なる二つの数の組み合わせ（$n(n-1)/2$ 通りある）の積の和を計算するアルゴリズムである．そのうち (1) の sumup_products1 は，存在するすべての数の組み合わせの積を順番に足し算することで答えを出している．一方，(2) の sumup_products2 は配列中のすべての数の和と二乗和をまず求めて，それらの値から求めたい値を計算し出力している[*2]．このとき，これらの二つのアルゴリズムはどちらが「速い」といえるだろうか？

たとえば，配列がたった二つの数から成り立っている場合，sumup_products1 は，for ルーチンや初期化を別にすれば，単に配列中の二つの値の掛け算を計算するだけでほぼ答えを計算できている．一方，sumup_products2 の方はもっと複雑な計算を行っており，この場合 sumup_products1 の方が速そうである．しかし，配列の数が大きくなるとどうなるであろうか？ sumup_products1 のアルゴリズムでは，重要な計算は 5 行目で行われるが，この行は $n \cdot (n-1)/2$ 回呼ばれる．それに対し，sumup_products2 では，重要な計算である 5, 6 行目の計算は n 回しか呼ばれない．また，8 行目の計算は多少複雑であるが，n がどんなに大きくなってもこの行は 1 回しか呼ばれない．これらのことを考えると，6 行目や 8 行目の計算の大変さを考慮したとしても，n が十分大きければ sumup_products2 の方が速そうである．

このとき，いずれのアルゴリズムについても，足し算や掛け算といった基本演

*2　いずれの擬似コードも，入力の配列が整数の配列であるか浮動小数点数の配列であるかを区別していないが，実際の実装では，（言語によっては）それらを区別する必要があるかもしれない．また，整数を扱うのであればオーバーフロー対策，浮動小数点数を扱うのであれば桁落ちによる誤差を考える必要なども出てくるかもしれない．

```
1  sumup_products1(array[1..n]) {
2    sum_products ← 0;
3    for (i = 1 から n − 1 まで) {
4      for (j = i + 1 から n まで) {
5        sum_products ← sum_products + array[i] × array[j];
6      }
7    }
8    sum_products を解として出力する;
9  }
```

(1) $O(n^2)$ のアルゴリズム．

```
1  sumup_products2(array[1..n]) {
2    sum ← 0;
3    sum_squares ← 0;
4    for (i = 1 から n まで) {
5      sum ← sum + array[i];
6      sum_squares ← sum_squares + (array[i])^2;
7    }
8    ((sum^2 − sum_squares)/2) を計算し解として出力する;
9  }
```

(2) $O(n)$ のアルゴリズム．

図 1.3　配列内のすべての異なる二つの数の組み合わせに対しそれらの積の和を計算する二つの異なるアルゴリズム．

算を行う回数を配列サイズ n に関する関数で表すことは可能である．そして，そういった関数を用いればアルゴリズムの良し悪しをある程度評価することもできそうである．しかしながら，アーキテクチャや言語・コンパイラによって，演算の種類ごとの演算速度や，繰り返しの実行速度といったものは変わってくるだろうし，複雑な演算を一つの命令でこなすことができるアーキテクチャもあるかもしれない．そういったことを考えると，もう一歩抽象度の高い評価方法が欲しい．

この例で大切なことは，多少の計算機アーキテクチャなどの違いによらず**n が十分大きい場合には必ず**，sumup_products1 より sumup_products2 の方が速そうだ，ということである．そのようなアルゴリズムの挙動のことをアルゴリズムの**漸近的挙動**とよぶ．アルゴリズムの効率性を測る指標としては，この漸近的挙動が一目でわかることが重要である．そこで考え出された指標が，入力サイズに関する関数で表した計算時間の**漸近的上界**を表した**ビッグオー記法**である．

定義 1.1 (ビッグオー記法) 関数 $f(n)$ に対し，ある定数 a と c が存在してすべての $n > a$ に対し $f(n) \leq c \cdot g(n)$ となるとき $f(n) = O(g(n))$ と表し[*3]，$g(n)$ を $f(n)$ のオーダーとよぶ．

「**アルゴリズムの計算量**」といったとき，一般的にはそのアルゴリズムの入力サイズに関する計算時間の関数のビッグオー表記を指し[*4]，**漸近計算量**ともよばれる．計算量が $O(g(n))$ であるアルゴリズムのことを，**オーダー** $g(n)$ **のアルゴリズム**ということもある．ただし，アルゴリズムによっては，同じサイズの入力でも値によってアルゴリズムの計算時間が異なる場合もある．そのような場合，最も計算時間のかかる最悪の計算時間について評価したものを**最悪計算量**とよぶ．それに対して，ランダムな挙動を示すアルゴリズムの平均的な計算時間を評価したものを**平均計算量**とよぶ[*5]．このとき，最悪計算量が $O(g(n))$ であるアルゴリズムを最悪 $O(g(n))$ のアルゴリズム，平均計算量が $O(g(n))$ であるアルゴリズムを平均 $O(g(n))$ のアルゴリズムとよぶ．なお，アルゴリズム自体が乱数発生などを含みランダムな挙動を行う場合[*6]の平均計算量の解析と，入力を「ランダムな入力」と仮定する場合のアルゴリズムの平均計算量の解析では，同じ平均計算量といっても意味合いが多少異なることに注意が必要である．問題によっては「ランダムな入力」の定義が難しいことがある．なお，単に「計算量」といった場合には最悪計算量を指すことが多い．

先のアルゴリズム sumup_products1 の計算量は，入力サイズ（配列長）が同じであれば計算時間は変化しないので，最悪計算量，平均計算量ともに $O(n^2)$ と表現できる．同様に，sumup_products2 の計算量は最悪計算量，平均計算量ともに $O(n)$ と表現できる．

---

*3　$O(g(n))$ をオーダー $g(n)$ に属する関数の集合を示す記号だと考えて，$f(n) \in O(g(n))$ と書く流儀もある．後述の他の記法についても同様．

*4　本書では，この計算量を議論するにあたって，「一般的な計算機」を想定している．しかし，計算量について数学的により正確に議論するためには，ベースとする計算機のモデルを正確に定義する必要がある．そのような計算機のモデルについての議論は本書の範囲の外となるが，計算量理論の教科書[4, 5]などを見るとよい．

*5　なお，最も高速に計算できる入力に対する計算時間を評価した最善計算量 (best-case complexity) を考えることも可能ではあるが，アルゴリズムの評価に用いるにはあまり適切な指標ではない．

*6　そのようなアルゴリズムを乱択アルゴリズムとよび，7.4 節で紹介する．

しかし，このビッグオー記法で表現されるのは計算時間の挙動の上界のみであり，この記法だけでアルゴリズムの良し悪しを測るのは少し危険である．そのため，逆に下から計算時間を抑える**漸近的下界**を表すための**ビッグオメガ記法**もよく用いられる．

定義 1.2 (ビッグオメガ記法) 関数 $f(n)$ に対し，ある定数 a と c が存在してすべての $n > a$ に対し $f(n) \geq c \cdot g(n)$ となるとき $f(n) = \Omega(g(n))$ と表す．

この漸近的下界も，最悪計算量，平均計算量について議論することができる．

この表記を用いれば，先のアルゴリズム sumup_products1 の計算量は $\Omega(n^2)$，sumup_products2 の計算量は $\Omega(n)$ と表せる．すなわち，これらのアルゴリズムの場合，漸近的下界を漸近的上界と同じ関数で表すことが可能である．このように計算量の漸近的下界と漸近的上界が同じであるとき計算量は**タイト**であるといい，その計算量は次の**シータ記法**で表現することができる．

定義 1.3 (シータ記法) 関数 $f(n)$ が $f(n) = O(g(n))$ かつ $f(n) = \Omega(g(n))$ を満たす場合，$f(n) = \Theta(g(n))$ と表す．

先のアルゴリズム sumup_products1 の計算量は $\Theta(n^2)$，sumup_products2 の計算量は $\Theta(n)$ と表せることがわかる．当然，ビッグオー記法やビッグオメガ記法と同様，シータ記法についても最悪計算量，平均計算量の双方に関して議論することが可能である．

また，計算量やそれに用いる関数を扱うにあたって用いられることのある記法として，この他に次の**リトルオー記法**がある．

定義 1.4 (リトルオー記法) どのように小さな定数 $\epsilon > 0$ に対してもある定数 a が存在してすべての $n > a$ に対し $f(n) \leq \epsilon \cdot g(n)$ が成り立つとき，$f(n) = o(g(n))$ と表す．

この記法は，ある関数の「大きくなり方」が別の関数よりもずっと速い，あるいは遅い，といったことを表すための記法である．これを用いれば，計算量に関して二つのアルゴリズムの優劣を定性的に論じることも可能である．$g(n) = o(g'(n))$ であるような二つの関数 $g(n)$, $g'(n)$ があるとき，「$g(n)$ は $g'(n)$ より**オーダーが小さい**」あるいは「$g'(n)$ は $g(n)$ より**オーダーが大きい**」という．たとえば，計

算量が $\Theta(n)$ であるアルゴリズム sumup_products2 は，計算量が $\Theta(n^2)$ である sumup_products1 よりもオーダーが小さい．そして，この場合は，これらの計算量がシータ記法で上界と下界の双方から抑えられているため，入力が十分大きい場合には必ず sumup_products2 の方が速いといってよい[*7]．

なお，リトルオー記法は漸近的上界がある関数よりも「小さい」ことをいうのによく用いられる記法であるが，逆に漸近的下界がある関数よりも「大きい」ことをいうための**リトルオメガ記法**という記法もある．

定義 1.5 (リトルオメガ記法) どれほど大きな定数 $L > 0$ に対してもある定数 a が存在してすべての $n > a$ に対し $f(n) \geq L \cdot g(n)$ が成り立つとき，$f(n) = \omega(g(n))$ と表す．

これらの記法はまとめてオーダー記法とよぶが，オーダー記法を用いるにあたって注意するべきことがいくつかある．これらの記法を定義通りとるならば，たとえば $O(n^2)$ のアルゴリズムを $O(n^{128})$ などと表現しても，定義からは間違いではない．同様に，$\Omega(n^2)$ のアルゴリズムを $\Omega(n \log n)$ などと表現しても間違いではない[*8]．しかし，これらの表現は論理的に正しくはあっても，明らかに不親切である．実際には，ビッグオー記法で計算量を表現する場合，可能な限りオーダーの小さい関数を使い，ビッグオメガ記法で表現する場合は逆に可能な限りオーダーの大きい関数を使うべきである．より正確には，あるアルゴリズムに対し，$O(g(n))$ と $O(g'(n))$ という二つの表現がありえた場合，$g(n) = O(g'(n))$ かつ $g'(n) \neq O(g(n))$ であるならば，$O(g'(n))$ という表記よりも $O(g(n))$ の方が好ましい．このとき，$O(g(n))$ という表現は，$O(g'(n))$ という表現より，このアルゴリズムの計算量の「よりタイトな」ビッグオー記法による表現であるという．同様に，あるアルゴリズムに対し，$\Omega(g(n))$ と $\Omega(g'(n))$ という二つの表現がありえた場合，$g(n) = \Omega(g'(n))$ かつ $g'(n) \neq \Omega(g(n))$ であるならば，$\Omega(g'(n))$ という表記よりも $\Omega(g(n))$ の方が好ましい．この場合も，$\Omega(g(n))$ という表現は，$\Omega(g'(n))$ という表現より，このアルゴリズムの計算量の「よりタイトな」ビッグオメガ記法による表現であると

---

*7　なお，この「速い」「遅い」は，最悪あるいは平均の場合の「漸近的挙動」がどちらが「速い」かという計算量に関する話であって，個々の入力に関する話ではないことに注意が必要である．

*8　本書では，特に表記しない限り log は底が 2 である二進対数，ln は底が e である自然対数を表すものとする．ただし，オーダー表記では，$O(\log n)$ も $O(\ln n)$ も $O(\log_{10} n)$ もいずれも定数倍しか異ならないため，同じオーダーを意味する．

いう．まとめると，アルゴリズムの計算量は可能な限り**タイトな関数**で表現するべきだということである．

また，$O(n^2)$ や $\Omega(n^2)$, $\Theta(n^2)$ といった表現の代わりに，$f(n) = 123.45 \cdot n^2 - 66.7 \cdot n^{5/3} \cdot \log n + 5.0 + e^{-n}$ などという複雑な関数を用いて $O(f(n))$ や $\Omega(f(n))$, $\Theta(f(n))$ などと表現したとしても，やはり定義からは間違いではない．しかし，明らかに $f(n)$ のような複雑な関数でオーダーを表すよりも $O(n^2)$ や $\Omega(n^2)$ や $\Theta(n^2)$ といった単純な表現の方が，はるかに簡潔でわかりやすい．このように，計算量を表現する関数は，可能な限りタイトな表現であるだけでは不十分で，可能な限り**単純な関数**であることも求められる．

計算量は，それを表す関数によっていくつかのクラスに分類することも可能である．あるアルゴリズムが $O(g(n))$ であったとき，$g(n) = 1$ ならばそのアルゴリズムは**定数時間アルゴリズム**，$g(n) = o(n)$ ならば**劣線形時間アルゴリズム**，$g(n) = n$ ならば**線形時間アルゴリズム**，$g(n)$ が n の多項式で表されるならば**多項式時間アルゴリズム**，$g(n)$ が e^n など n の指数関数で表される場合には**指数時間アルゴリズム**とよばれる．これらのアルゴリズムは階層的クラスをなしており，定数時間アルゴリズムは劣線形時間アルゴリズムのクラスに，劣線形時間アルゴリズムは線形時間アルゴリズムのクラスに，線形時間アルゴリズムは多項式時間アルゴリズムのクラスに，多項式時間アルゴリズムは指数時間アルゴリズムのクラスに含まれるが，後者ほどより遅く，計算時間のかかるアルゴリズムを多く含むクラスであるといえる．

ある計算機上の問題が何らかのアルゴリズムによって多項式時間で解けるならば，その問題はクラス **P** (polynomial time) に属するという．ある問題が指数時間で解けるならば，その問題はクラス **EXP** (exponential time) に属するという．また，何らかの条件を満たす解を見つける問題において，与えられた解が正しいことを多項式時間で確認できる場合には，その問題はクラス **NP** (non-deterministic polynomial time) に属するという．なお，$\mathbf{P} \subseteq \mathbf{NP}$ は明らかであるが，$\mathbf{P} \neq \mathbf{NP}$ であるか $\mathbf{P} = \mathbf{NP}$ であるかについてはわかっておらず，有名な未解決問題となっている．また，$\mathbf{NP} \subseteq \mathbf{EXP}$ であることが知られている．

もし，ある問題 A を解くことができて，その結果を用いれば多項式時間で任意の **NP** に属する問題を解くことができるとき，問題 A は **NP 困難**であるという．この **NP** 困難問題は，非常に難しい問題のクラスの代名詞ともなっている．なお，**NP** 困難であり，かつ **NP** にも属することが知られている問題も数多く存在し，そのような問題のクラスは**NP 完全**とよばれている[*9].

1.3 その他のアルゴリズム評価指標

前節で扱ったアルゴリズムの計算時間やそれを抽象化した計算量はアルゴリズムの評価尺度としてきわめて重要であるが，もちろんアルゴリズムの良し悪しは計算量のみで決まるわけではなく他にも様々な評価尺度がある．

まず，アルゴリズムを動かすにあたって使用できるメモリ量（記憶領域）は有限である．したがって，同じ計算量であっても，用いるメモリ量が少ないものの方が好まれる．アルゴリズムが用いるメモリ量は計算時間と同様にオーダー記法で評価することが可能であり，これを**空間計算量**という．それに対して，前節のような計算時間をオーダー記法で表したものを特に**時間計算量**とよび分けることがある．空間計算量についても，前節と全く同じような議論が可能である．あるいは，ある種のアーキテクチャや問題では，計算時間やメモリ量などよりもディスクの入出力 (IO: input-output) 量がボトルネックになるが，そのような入出力量を評価した計算量は**IO 計算量**とよばれる．

また，計算結果についての評価が必要になる場合もある．たとえば，多くの数値演算では誤差の評価が必要となる．また，最適解の計算が困難な最適化問題[*10]などにおいて近似的な解を求めた場合には，実際の最適解の値との比で解を評価することが考えられる．この比率のことを**近似比**とよぶ．一般的に誤差や近似比と計算時間はトレードオフの関係にあることが多い．他にも，何らかの予測を行うアルゴリズムではその正確さ，データの圧縮を行う場合には圧縮率，並列・分散計算を行うアルゴリズムではその並列化効率といったものも評価指標となりうる．

なお，実際にアルゴリズムを実装するにあたっては，アルゴリズムの理解のしやすさ，コードのサイズ，コーディングの容易さも，アルゴリズムの良し悪しの重要な要因になりうる．さらに，作成したプログラムについては，コード自体の理解のしやすさ，メンテナンスのしやすさ，移植のしやすさなども重要な要因となる．実際には計算コストよりもプログラミングやメンテナンスのコストの方がボトルネックとなるような状況も多い．このように，実際のプログラミングにお

---

*9 計算量理論に関する書籍[4–6]を見れば，これらのクラス分けのより詳細を知ることができる．

*10 7.5 節，第 8 章を参照．

いては，これら様々なことを総合的に判断してアルゴリズムを考える必要がある．

2 基本的なデータ構造

データ構造とは，計算機を用いて計算や処理を効率的に行うのに適した様々なデータの保持方法のことである．適切なデータ構造を用いなかった場合にはアルゴリズムの計算時間や計算量が大幅に悪化することもあり，アルゴリズムの理解や設計の上でどのようなデータ構造を用いるかは非常に重要な問題である．この章では特にその中でも最も基本的なデータ構造について述べる．

2.1 配列とリスト

複数のデータを計算機に格納しようとする際の最も基本的なデータ構造は**配列**と**リスト**である．このうち配列は，図 2.1 (1) のように複数のデータを順番に並べ，i 番目の要素（データ）に定数時間，すなわち $O(1)$ でアクセスできるデータ構造のことをいう．そのようなデータ構造は，記憶領域上で連続領域をとることで実現できる．

配列の i 番目の要素にアクセスするための数字（添え字）を**インデックス**とよぶ．このインデックスのつけ方には，0 から昇順につけるやり方と 1 から昇順につけるやり方がある．この 0 あるいは 1 を配列の**オフセット**とよぶ．計算機上の記憶領域上のアドレスは 0 から始めることが多く，よりプログラミングに忠実なインデックスで記述したい場合には，オフセットは 0 とすることが多い．この場合，i 番目の要素のインデックスは $i-1$ となる．図 2.1 はそのようなインデックスを示している．一方，i 番目のインデックスが i である方が直観に即していることから，特に抽象的な議論を行う場合には，オフセットを 1 とすることも多い．なお，本書では，インデックスを 0 から始める配列は $A[0..n-1]$，1 から始める配列は $A[1..n]$ と記述する．いずれの場合でも，インデックスが i である要素のことは $A[i]$ と記述するが，これが i 番目の要素なのか $i+1$ 番目の要素なのかはインデックスのつけ方による．

配列を用いて行列やテーブル（表）を実現することも可能である．その実現方法は一意ではないが，たとえば，n 行 m 列の行列は，配列 $A[0..n \cdot m-1]$ を用意

0	1	2	3	4	5	6	7	8	9	10	11	12	13	14	15
31	41	1	59	26	5	35	89	7	9	32	38	46	2	6	43

(1) 配列の例.

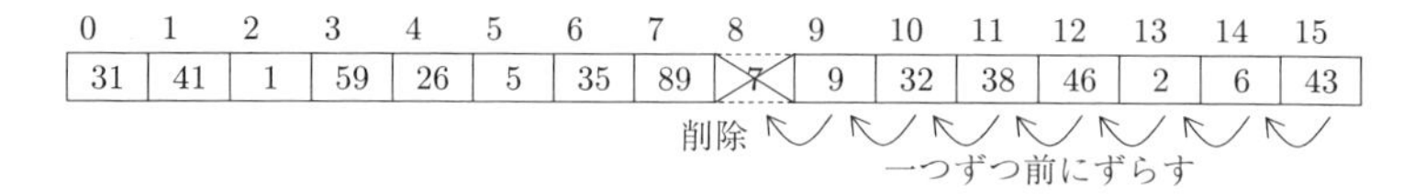

(2) 9 番目の要素を削除.

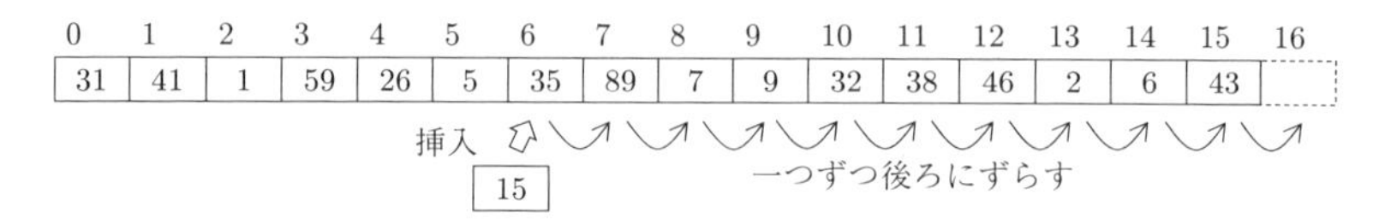

(3) 6 番目と 7 番目の要素の間に新しい要素（ここでは 15）を挿入.

図 2.1　配列．要素の挿入・削除を行う場合，挿入・削除したい場所から後ろすべてに対する処理が必要になる．インデックスを 0 より始めているため，i 番目の要素のインデックスは $i-1$ となる．

し，i 行 j 列の要素を $A[(i-1)\cdot m+j-1]$ に格納することによって表現できる．$n\times m\times k$ の表なども同様の方法で長さ $n\cdot m\cdot k$ の配列で表現可能である．

配列の欠点としては，データの挿入・削除の処理が大変な場合があることが挙げられる．たとえば，図 2.1 (2) は長さ 16 の配列から 9 番目の要素を削除しようとしている図であるが，この際，10 番目から 16 番目の要素それぞれを 9 番目から 15 番目までに移動し，その後 16 番目の情報は削除する，といった処理が必要になる．すなわち，長さ n の配列から要素を一つ削除するには，最悪で $O(n)$ の処理時間が必要である．同様に図 2.1 (3) のように新しい要素を途中に挿入しようとする場合も，その場所から後ろすべてを一つずつ後ろに移動させていく必要があるため，やはり最悪で $O(n)$ の処理時間が必要である．なお，この際，16 番目の要素の移動先である場所の記憶領域が確保されている必要があり，もしそれが確保されていない場合にはそれを確保する処理も必要となる．

このように，配列は要素へのアクセスの効率を挿入・削除の効率より重視しているが，逆に要素へのアクセスの効率よりも挿入・削除の効率を重視したデータ構造がリストである．リストでは，図 2.2 (1) のように各要素はポインタとよばれる他の要素の格納場所を指し示すデータと組み合わせて格納され，そのポインタを辿って行くことで全要素に辿りつくことができるようになっている．なお，一番最後の要素はヌル (null) ポインタとよばれるどの要素も指し示さない特別なポインタと組み合わせることで，リストの終了を表現する．ヌルポインタは，*nil* あるいは *NULL* という記号で表記されることが多い．リストでは，i 番目の要素へのアクセスを行うには，先頭から順番にリストを辿って行かなければならないため，最悪で $O(n)$ の計算時間が必要となる．また，ポインタを保持しなければならないため，配列と比べてメモリ効率が悪くなる問題もある．しかし，ある要素を削除する（図 2.2 (2)）ことや，新しい要素を指定された要素の後ろに挿入する（図 2.2 (3)）ことが，単なるポインタの付け替えによってできるため，それらの操作を $O(1)$ で行うことが可能である．

ここで紹介したリストは，前から後ろへのポインタしか持たないが，場合によっては後ろから前へ辿ることができた方が便利な場合がある．そこで，各要素に対して後ろの要素へのポインタに加え前へのポインタも記憶させるように拡張したデータ構造を**両方向リスト**とよぶ．また，これらの配列やリストは，配列やリストの要素にリストの先頭へのポインタや配列（あるいは配列へのポインタ）を入れるなど，様々に組み合わせて用いることが可能である．

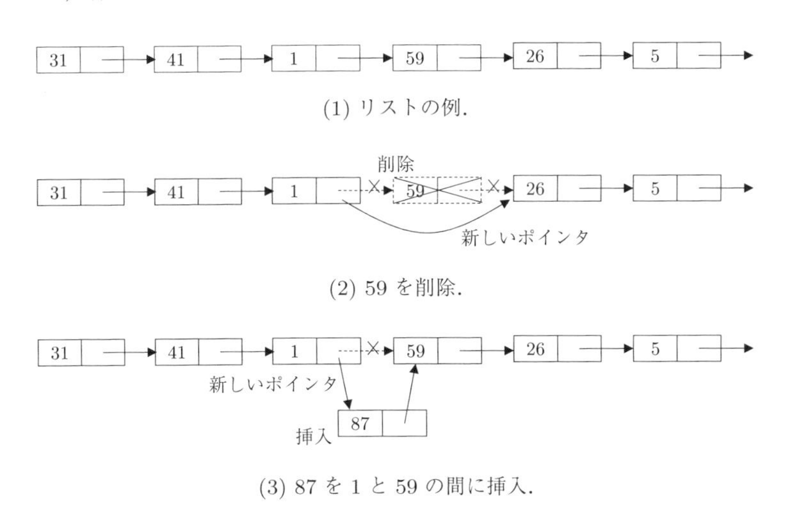

図 2.2 リスト．要素の挿入・削除を $O(1)$ で行うことができる．

2.2　スタックとキュー

取り出し・挿入・削除をいずれも一番最後の要素のみに限るデータ構造を**スタック**とよぶ（図 2.3 (1)）．スタックでは一番最後に挿入された要素から取り出しや削除が行われるが，そのような動作を **LIFO** (last-in-first-out) とよぶ．スタックは配列でもリストでも実現可能で，その際の取り出し・挿入・削除の計算量はいずれも $O(1)$ とできる．

一方，挿入の際は新しい要素を一番最後へ加え，取り出し・削除は先頭の要素に対して行うデータ構造を**キュー**とよぶ（図 2.3 (2)）．キューは，両方向リストに加え，その一番最後の要素へのポインタを持てば実現できる．この場合，最初に挿入されたものから順番に取り出し・削除が行われることになるため，このような動作を **FIFO** (first-in-first-out) とよぶ．

2.3　ハ　ッ　シ　ュ

2.3.1　ハッシュとハッシュ関数

長さ n の配列を用いれば，n より小さいいくつかの整数 $i \in \{0,1,\ldots,n-1\}$ に対応する何らかのデータ D_i に $O(1)$ でアクセスすることができる．同様に，整数集合 $J \subseteq \{0,1,\ldots,n-1\}$ にある整数が含まれているかどうかをチェックすることも，0, 1 からなる長さ n の配列を用いてやはり容易に実現できる．しかし，n が非常に大きい場合に $i \in \{0,1,\ldots,n-1\}$ のごく一部の整数のみにデータが対応している場合などには，このような配列でデータを格納しようとすると非常に無駄が大きいだけでなく，n が大きすぎるとそもそも不可能な場合もありうる．ま

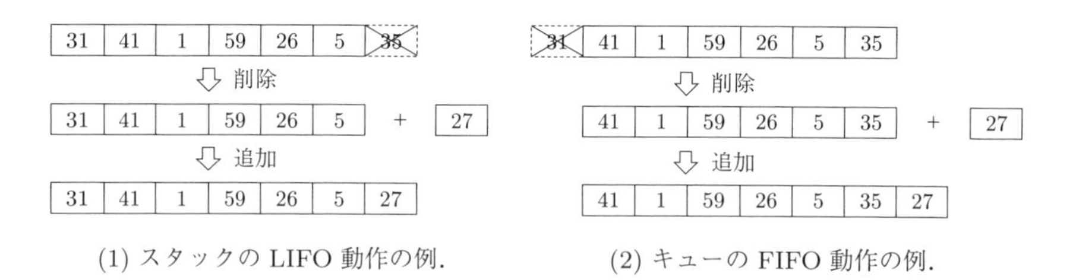

(1) スタックの LIFO 動作の例.　　(2) キューの FIFO 動作の例.

図 2.3　スタックとキュー.

た，さらに一般化した問題として，整数に限らないもっと一般的なデータ集合 S とデータ集合 T に対して，$k \in S$ に対応するデータ $R_k \in T$ に高速でアクセスしたい，といった要求もありうる．しかし単純な配列やリストではそのような要求に答えることはできない．これから述べる**ハッシュ**は，単純な配列やリストでは実現が難しいこれらの機能を効率的に行うことを目的としたデータ構造である．

ハッシュの目的は，$k \in S$ の各要素がデータ $R_k \in T$ を持つときに，k の情報をもとに R_k になるべく高速にアクセスすることである．また，もし $k' \notin S$ が与えられた場合には，それに対応するデータが存在しないこともいうことができることが望ましい．これをハッシュでは，**ハッシュ関数**とよばれる S から整数 $\{0, 1, \ldots, n-1\}$ への関数 h と，**ハッシュ表**とよばれる大きさ $O(n)$ の配列で実現する．ハッシュ関数は $k \in S$ からなるべく高速に計算できるものが望ましい．このとき，k はハッシュの**キー**，n は**ハッシュサイズ**，ハッシュ関数の値は**ハッシュ値**とよばれる．

もし，どのキー $k \in S$ に対してもハッシュ値 $h(k)$ が異なる値をとるハッシュ関数があれば，配列 $A[0..n-1]$ を用意し $A[h(k)]$ に R_k を格納するだけで，k から R_k に高速にアクセスできる．このようなデータ構造を**完全ハッシュ**とよぶ．なお，キー k が S に含まれるかどうかを判定できるようにするには，R_k の代わりにキー $k \in S$ の値を $A[h(k)]$ に格納すればよい．もちろん R_k と k の双方を格納すれば双方の用途を満たすことが可能である．しかし，完全ハッシュに必要な，異なる $k \in S$ に対して必ず異なる値を出力する関数の設計は，n が十分大きく，S が要素の削除・挿入などのない静的な集合である場合以外では難しいことが知られている[1]．静的なデータベースで高速検索を実現したい場合などでは，この完全ハッシュを考慮する価値はあるが，動的なデータベースへの対応やメモリ効率が求められる場合には不向きである．そこで以下では，異なるキー $k \in S$ に対して同じ値をとりうるハッシュ関数 $h(k)$ を用いてハッシュを実現する方法について述べる．

異なるキーに対してハッシュ値が同じになることをハッシュの**衝突**という．このような衝突が起こった場合，何も工夫しなければ $A[h(k)]$ には一つのキーに対応するデータしか格納できないため何らかの対処が必要となる．その対処方法については次節以降で紹介するが，どのような方法をとったとしても，衝突への対処に要する計算コストのために，データへのアクセス時間が低下することは容易に推測できる．そのため，そのような衝突をなるべく少なくする必要がある．

通常，ハッシュ関数はハッシュ値が $\{0,1,\ldots,n-1\}$ の中のなるべくランダムな値になるように設計することが望ましい．S が単なる整数集合であれば，最も単純な方法としては，n で割った余りを用いるなどの方法が考えられる．しかし，この方法ではたとえばキーの値に 10 の倍数が多い場合に，n として 10 の倍数を選んでしまったりすると衝突が増えるであろうことが予想される．このようなことを考慮すると，余りを用いるこの方法では，たとえば n を十分大きな素数にすることなどが考えられる．

理想的には，どのキーに対してもハッシュ値が特定の値をとる確率が $1/n$ で，さらに，どの二つのキーをとってきても（それらが類似しているかどうかなどに関係なく）ハッシュ値が衝突する確率が $1/n$ であることが望ましい．そのような仮定を，**単純一様ハッシュ**の仮定とよぶ．

2.3.2　連鎖ハッシュ

衝突に対処する最も簡単な方法として，$P_k = \langle k, R_k \rangle$（$k$ と R_k の組み合わせ）の集合 $\{P_k \mid h(k) = i\}$ をリストを用いて作成し，配列の要素 $A[i]$ をそのリストへのポインタであるように持つ方法がある．そうすれば，たとえ衝突が起きても，$A[i]$ が指し示すリストを先頭から順番に辿って行けば，欲しいキーに対応するデータ R_k を探し出すことが可能である．このようなハッシュを**連鎖ハッシュ**とよぶ（図 2.4）．なお，キー k に対しそれが S に属するかどうかのみを調べたい場合には，単純に P_k の代わりに $\{k \mid h(k) = i\}$ のリストへのポインタを $A[i]$ に格納すればよい．

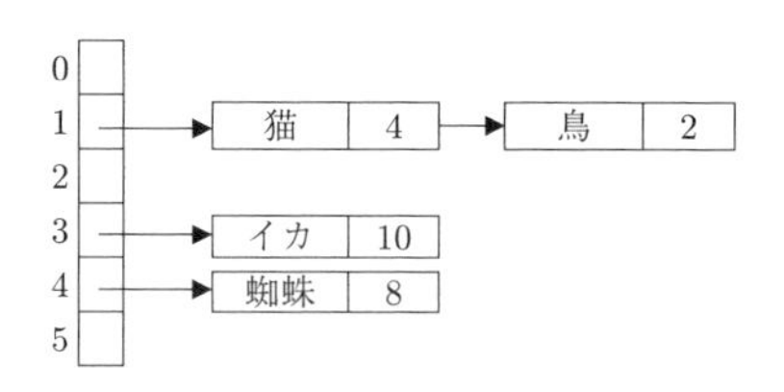

図 2.4　連鎖ハッシュの例．ここでは {“猫”，“鳥”，“イカ”，“蜘蛛”} をキーとして，それらの動物の足の本数をハッシュに格納している．ハッシュ関数は h(“猫”) $=$ h(“鳥”) $= 1$，h(“イカ”) $= 3$，h(“蜘蛛”) $= 4$ としている．猫と鳥のハッシュ関数値が衝突している．

連鎖ハッシュでは，最悪の場合，すべてのキーのハッシュ関数値が同じになってしまうことが考えられる．この場合，すべてのデータが同じ格納場所に格納されてしまい，データへのアクセスが $O(n)$ という単なるリストの場合と同じきわめて非効率なものになってしまう．しかし，ハッシュ関数が十分優れていれば，そのようなことはほとんど起こらず，特に理想的な単純一様ハッシュの仮定のもとでは，ハッシュの要素にアクセスする時間の期待値（平均時間）は，$O(1+|S|/n)$ で抑えられることが知られている[1]．

2.3.3 開 番 地 法

連鎖ハッシュはポインタを保持する必要があるため，メモリ効率の面で不利である．それを解決するハッシュの別の実現方法に**開番地法**とよばれる手法がある．これは，キーをハッシュに格納する際，まだ他のキーが何も格納されていなければそのまま格納するが，他のキーが格納されていたときには別の格納場所に入れることで，あくまでハッシュ表の中でなんとかする方法のことをいう．ただし，別の新たな格納場所の探し方にはいくつかの方法がある．

最も簡単な方法は，もし $A[i]$ が開いていなければ $A[i+1]$，それも空いていなければ $A[i+2]$，というように順番に辿って行き，空いている場所があればそこに入れる，ただしテーブルの一番後ろまで来て空きがなければ先頭に戻る，という方法で**線形探査法**とよばれる．データにアクセスする際には，まず，ハッシュ値で指定された格納場所のキーを調べ，キーが合致すればそれを出力，そうでなければ，一つずつ後ろの場所のキーをチェックしていけばよい．

しかしこの線形探査法には，複数のキーのハッシュ値が近い値だった場合にどんどん要素を挿入していくとそれらのキーに対応する領域がつながってしまい，挿入やアクセスに要する時間が大幅に大きくなってしまうという問題がある．このような状況はクラスタリングとよばれる．**二次探査法**はこれを解決するひとつの方法である．二次探査法では，$A[h(k)]$ が空いていないときには，適当な二次関数 $f(i)$（$f(i)=i^2$ など）を用いて $A[(h(k)+f(i)) \bmod n]$ のうち空いている場所を $i=1$ から順番に i を 1 ずつ増やしていって探していき，そこに要素を挿入する．

クラスタリングの問題を回避する別の手法に**二重ハッシュ法**という手法もある．二重ハッシュ法では，もとのハッシュ関数 $h(k)$ と別のハッシュ関数 $h'(k)$ を用意し，$A[h(k)]$ が空いていなければ $A[(h(k)+i \cdot h'(k)) \bmod n]$ のうち空いている場

所を i を $i=1$ から順番に 1 ずつ増やしながら探していき，そこに要素を挿入する．言い換えると二重ハッシュ法は，調べる際の格納場所のインデックスの増分を別のハッシュ関数で与える方法である．

3　ソートアルゴリズム

ソートとは，整数や浮動小数点数など，大小関係を考えることが可能な要素の集合に対し，小さいものから，あるいは大きいものから順にその集合内の要素を並べ替えることをいい，計算機を用いて行う処理の中でも最も基本的なもののひとつである．

3.1　ソートと二分探索

配列をソートする理由のひとつは，配列内の情報を整理し，中から欲しい情報をより効率的に取り出すことができるようにすることである．**二分探索**はその効率的な情報の取り出しを可能にするアルゴリズムである．

互いに大小関係のある n 個の要素の集合 S が小さい順に（すなわち昇順に）ソートされ，配列 $A[0..n-1]$ に格納されているとする．すなわち $i < j$ ならば $A[i] \leq A[j]$ が成り立つように S の各要素が A に格納されているものとする．このとき，S の中から a という要素を探すことを考える．単純なアルゴリズムでは先頭から順にチェックしていくことが考えられる．しかしそれだと a が先頭に近い場所にあれば高速に見つけることができるかもしれないが，後ろの方にある場合は配列をほぼすべて見る必要があり，最悪では $O(n)$ 時間かかってしまう．

これに対し二分探索では，配列の中央の値（配列長 n が奇数ならば中央値，偶数ならば中央の左隣か右隣のいずれかの値）をチェックし，それが a であればそれを出力，a よりも大きければ配列中の今調べた中央の値よりも前の半分を再帰的にチェック，逆に a よりも小さければ後ろの半分を再帰的にチェックする，といった探索を行う．図 3.1 はその擬似コードであるが，このコードは，5, 6 行目の再帰呼び出し部分を除けば，どの行も定数時間で行うことが可能である．一方，5 行目あるいは 6 行目で自分自身を再帰呼び出ししているが，その際に配列の調べる範囲が半分以下に小さくなるため，再帰呼び出しは $O(\log n)$ 回しか呼ばれることはなく，全体の計算量は $O(\log n)$ となる．

このアルゴリズムを少し応用すれば，ソートされた長さ n の配列の中から a 以

```
1  binary_search(array[0..n − 1], a) {
2    if (入力配列長 n ≤ 0) { nil を返して終了; }  //答えは存在しない.
3    middle ← ⌊n/2⌋;      // 中央のインデックス.
4    if (array[middle] = a) { middle を返して終了; }
5    else if (array[middle] > a) { binary_search(array[0..middle − 1], a) を返す; }
6    else { binary_search(array[middle + 1..n − 1], a) を返す; }
7  }
```

図 3.1 二分探索アルゴリズム．昇順にソートされている長さ n の配列 *array* が a を含めばその位置を，含まないならば *nil*（答えが存在しないことを表す記号）を返す．*array* 中に a が複数含まれる場合は最初に見つけた一つのみを返す．

上 b 以下の要素を（あれば）一つ見つけることも $O(\log n)$ で行うことができる．また，a 以上 b 以下の要素をすべて出力するのも，その要素数を occ として[*1]，$O(\log n + occ)$ で可能である．なお，a 以上 b 以下の要素をすべて出力するのではなく，そのような条件を満たす要素数（すなわち occ）を求めるだけの場合，やはり $O(\log n)$ で可能である．

3.2 単純なソート法

長さ n の配列が昇順にソートされているかどうかを確認したいならば，すべての隣り合う二つの要素を比較し，すべての要素がきちんと昇順に並んでいるかどうかを見れば $O(n)$ で確認可能である．一方，ソートされていない配列をソートするには，どのような方法があるだろうか？

ひとつの方法は，このソートされているかどうかの確認方法を応用する方法で，**バブルソート**とよばれている．この方法では，隣同士の要素をすべて比較し，もし順序のおかしい組み合わせがあればその二つの要素を交換する，ということをそのような組み合わせがなくなるまで繰り返す．このとき，隣同士の比較を先頭から順番に行っていくと，一番大きな要素は必ず末尾に行く．しかし，それ以外の要素がソートされているかどうかは不明であるため，一番最後の要素を除く配列に対して同じことを再帰的に繰り返してやればよい．図 3.2 はその擬似コードである．このアルゴリズムの計算量は $O(n^2)$ である．

このバブルソートは実装が簡単で，また，対象配列が「ほとんど」ソートされて

---

*1 occ は occurrence の略で，計算してみないと答えの数がわからない問題などの理論解析を行う際によく用いる変数表記．

```
1   bubble_sort(array[0..n − 1]) {
2     for (i = n − 2 から 0 まで降順に) {
3       sorted ← true;
4       for (j = 0 から i まで昇順に) {
5         if (array[j] > array[j + 1]) {    // もし順番に並んでいなかったら，
6           array[j] と array[j + 1] を交換;
7           sorted ← false;
8         }
9       }
10      sorted が true のままならば，すでにソートされているので終了;
11    }
12  }
```

図 **3.2**　バブルソート．

いるような場合には比較的効率が良いかもしれない．しかし一般的な配列のソート目的では，次節以降で紹介するように，計算量的にも実際の計算時間でもより良いアルゴリズムが多数存在する．

バブルソートは，隣同士の要素の比較を行うことで配列中の最大要素（あるいは最小要素）を見つけ，それを一番後ろに動かすことを繰り返している．実は，隣同士の要素の交換を順々に行わなくても，最大要素と最後の要素を交換するだけでソートを行うことは可能である．このようにバブルソートを改変したアルゴリズムは**選択ソート**とよばれる．しかし，この選択ソートも $O(n^2)$ の計算時間を要し，やはりあまり効率的なアルゴリズムとはいえない．ただし，**ヒープ**というデータ構造を用いれば，選択ソートを最悪 $O(n \log n)$ 時間の**ヒープソート**とよばれるアルゴリズムに改良することが可能である．ヒープとヒープソートについては 4.3 節で紹介する．

3.3　クイックソート

3.1 節で紹介した二分探索が可能なのは，ソートされた配列（昇順とする）中で特定の要素 p に着目した際に，p よりも左側の（インデックスが小さい）要素は必ず p と同じかそれよりも小さく，逆に p の右側の要素は必ず p と同じかそれよりも大きい，という性質をソートされた配列が持つからである．ソート法として最も有名なクイックソートは，この性質を利用したソート方法である．

クイックソートでは，まず配列の中から適当に一つの要素を選ぶ．選び方については後で議論するが，この最初に選ぶ要素を**ピボット**とよぶ．その後，ピボットを除くすべての要素のそれぞれとピボットの大小比較を行い，ピボットよりも小さな要素はピボットよりも左側に，ピボットよりも大きな要素はピボットよりも右側になるように配列を並べ替える．すると，ピボットよりも左側に配置された要素は，最終的なソート結果においてピボットよりも右側に来ることはないし，同様にピボットよりも右側に配置された要素は，やはり最終的なソート結果においてピボットよりも左側に来ることはない．そこで，クイックソートでは，ピボットよりも左側の部分と右側の部分のそれぞれに対して再帰的に同様の要素の再配置を繰り返すことで全体をソートする．図 3.3 はその擬似コードである．

では，この計算時間はどう評価できるだろうか．最悪の場合，図 3.3 の擬似コード内の再帰部分を除く 2–16 行目の計算時間は $O(n)$ であり，17, 18 行目の再帰呼

```
 1  quick_sort(array[0..n − 1]) {
 2    n（入力配列長）が 1 以下ならば終了;
 3    p ← [0..n − 1] から選んだ適当なピボットのインデックス;
 4    pivot ← array[p];
 5    array[p] と array[n − 1] を交換;  //pivot を退避.
 6    left ← 0, right ← n − 2;
 7    while (left < right) {
 8      if (array[left] > pivot){  //pivot よりも大きいものは,
 9        array[left] と array[right] を交換;  //後ろに動かす.
10        right を 1 減らす;
11      }else{
12        left を 1 増やす;
13      }
14    }
15    if (array[left] ≤ pivot) {left ← left + 1;}
16    array[left] と array[n − 1] を交換;
        //退避していた pivot をしかるべき位置へ移動.
17    quick_sort(array[0..left − 1]);  // pivot の左側を再帰的にソート.
18    quick_sort(array[left + 1..n − 1]);  // pivot の右側を再帰的にソート.
19  }
```

図 3.3 クイックソート．入力配列中の要素がすべて互いに相異なるものとすると，ピボット *pivot* をランダムにとれば $O(n \log n)$ の平均計算時間を達成できる．なお，17, 18 行目において，関数の引数が $array[0..-1]$ あるいは $array[n, n-1]$ となった場合，それらは長さ 0 の空の配列を表すものとする．

び出しではピボット $pivot$ に対応する要素については含まれていない．そのため，再帰呼び出しされる配列のサイズの合計は呼び出しごとに必ず小さくなるため，再帰呼び出しの回数は高々$O(n)$ 回である．これは最悪計算時間が $O(n^2)$ であることを意味する．たとえば，配列がすでにほとんどソートされているようなときに，ピボットとして先頭の要素を選んでしまった場合には，ピボットは常に最小の要素かそれに近いものとなってしまうため，実際に $O(n^2)$ の計算時間がかかってしまう．したがって，クイックソートの最悪計算量は前述のバブルソートや選択ソートと同じである．

しかし，たとえばピボットをランダムにとれば，そのような最小や最大の要素，あるいはそれに近い要素が選ばれる確率はそれほど高くないであろうことが想像される．そこで，入力配列の全要素が相異なるものと仮定し，ピボットをランダムに選んだときのアルゴリズムの計算時間の期待値 $T(n)$ を考えてみる．すると，上の観察どおり再帰部分を除く部分の計算時間が $O(n)$ であること，$T(0)$, $T(1)$ は定数時間で計算可能であることから，$T(n)$ $(n > 2)$ に対し適当な定数 c, c' が存在し，

$$
\begin{aligned}
T(n) &\leq c' \cdot n + \sum_{i=0}^{n-1} \frac{1}{n} \cdot \{T(i) + T(n-i-1)\} \\
&= c' \cdot n + \frac{2}{n} \cdot \sum_{i=0}^{n-1} T(i) \\
&\leq c \cdot n + \frac{2}{n} \cdot \sum_{i=2}^{n-1} T(i) \qquad (3.1)
\end{aligned}
$$

がいえる．ここでさらに $2 \leq i \leq n-1$ で

$$
T(i) \leq 2c \cdot i \ln i \qquad (3.2)
$$

が成り立っているものと仮定すると，

$$
\begin{aligned}
T(n) &\leq c \cdot n + \frac{2}{n} \cdot \int_{x=2}^{n} 2c \cdot x \ln x \, dx \\
&\leq 2c \cdot n \ln n \qquad (3.3)
\end{aligned}
$$

が成り立つ．したがって，帰納法により，任意の n $(n \geq 2)$ に対して

$$
T(n) \leq 2c \cdot n \ln n \qquad (3.4)
$$

が成り立つ定数 c が存在することがいえる．すなわち，このアルゴリズムの平均計算量は $O(n \log n)$ である．なお，入力配列に同じ要素が多数含まれる場合に $O(n \log n)$ の平均時間を達成するためには，図 3.3 の 8–13 行目において，ピボットと等しい要素についての扱いをもう少し工夫する必要がある．

このクイックソートは現実的にも高速なアルゴリズムであり，実際に最もよく用いられているアルゴリズムのひとつである．なお，このクイックソートのように確率的挙動を持つアルゴリズムのことを**乱択アルゴリズム**とよぶ．なお，乱択アルゴリズムについては 7.4 節でも扱う．

クイックソートのアルゴリズムを観察すると，ピボットに選ぶ要素としてなるべく中央値に近いものを選ぶと，再帰的な計算が均等に分割されるため，効率が良さそうである．オーダー記法上の理論的な計算量は改善されないが，中央値に近いピボットを選択するヒューリスティックな方法として，ランダムに複数個（3 個あるいは 5 個程度）の要素を選びその中央値をピボットとするといった戦略がある．なお，7.3 節では中央値を $O(n)$ で求めることのできるアルゴリズムを紹介している．もしピボット選択にその中央値選択アルゴリズムを用いれば，クイックソートの最悪計算量を $O(n \log n)$ とすることも可能ではある．ただし，この中央値選択アルゴリズムはその計算量の定数部分が比較的大きいため，それをピボット選択に利用したクイックソートはあまり実用的なアルゴリズムとはいえない．もし，最悪計算量が $O(n \log n)$ のアルゴリズムが必要であるならば，次節で紹介するマージソートや，前節で少し触れたヒープソートなどを用いることが望ましい．

なお，このクイックソートのように問題を小さな問題に分割して解いていく戦略を**分割統治法**とよぶ．分割統治法については 7.3 節で扱う．

3.4　マージソート

昇順にソートされた二つの配列 $A[0..n-1]$, $B[0..m-1]$ に対し，これらをまとめて長さ $n+m$ のソートされた一つの配列にすることを考える．このような操作のことを**マージ**という．単に二つの配列をつなげた後，クイックソートなどのアルゴリズムを用いてソートすれば当然マージすることができるが，それではすでにソートした計算コストが無駄になってしまう．

ここで，A と B をよく観察すると，A も B もすでに昇順にソートされているため，それぞれの中で最小の要素は必ず $A[0]$ と $B[0]$ に格納されているはずである．したがって，両者で最も小さな要素はそのいずれかである．それがもし $A[0]$ であれば，2 番目に小さな要素は $A[1]$ と $B[0]$ の小さい方の要素であり，その二つの要素を比較すれば，2 番目に小さい要素も見つけることができる．このような比較を繰り返していけば，マージを $O(n+m)$ で行うことができる．図 3.4 はそのアルゴリズムの擬似コードである．

マージソートは，このソート済み配列のマージのアルゴリズムを応用し，配列のソートを行う方法である（図 3.5）．このアルゴリズムでは，配列を半分の長さの二つの配列に分割し，それらを再帰的にソートし，その結果を最後にマージして全体のソート結果を得ている．再帰呼び出しの段数は，長さが半分ずつになるため $\log n$ 段で済み，再帰部分以外の最悪計算量は $O(n)$ である．したがって，アルゴリズム全体の計算量を $T(n)$ とすれば

$$T(n) = O(n) + 2 \cdot T(n/2) \tag{3.5}$$

という帰納的な記述ができ，これはこのアルゴリズムの最悪計算量が $O(n \log n)$ であることを意味している．ここで特筆するべきことは，このアルゴリズムがいかなる入力に対しても，すなわち最悪でも最善でも（当然ながら平均でも）$O(n \log n)$ の時間で動く，ということである．実用上もかなり効率は高く，安定して速く計算することが望めるアルゴリズムである．なお，このマージソートもクイックソー

```
 1  merge_sorted_arrays(A[0..n−1], B[0..m−1], C[0..n+m−1]){
 2    i ← 0;  j ← 0;
 3    while (i < n かつ j < m) {
 4      if (A[i] < B[j]) { // 小さい方を C に格納する．
 5        C[i+j] ← A[i];
 6        i を 1 増やす;
 7      } else {
 8        C[i+j] ← B[j];
 9        j を 1 増やす;
10      }
11    }
12    if (i < n) { A[i..n−1] を C[i+m..n+m−1] にコピー; }
13    else { B[j..m−1] を C[j+n..n+m−1] にコピー; }
14  }
```

図 3.4　昇順にソートされた二つの配列をマージするアルゴリズム．A と B をマージして C に結果を出力する．

```
1  merge_sort(array[0..n − 1]) {
2    n（入力配列長）が 1 以下なら終了;
3    half ← ⌊n/2⌋;
4    merge_sort(array[0..half − 1]);
5    merge_sort(array[half..n − 1]);
6    merge_sorted_arrays(array[0..half − 1], array[half..n − 1],
                          result[0..n − 1]);
7    array[0..n − 1] に result[0..n − 1] を上書きコピーする;
8  }
```

図 3.5 マージソート．再帰的に自分自身を呼び出している．

トと同様に分割統治法の一種である．

3.5 ソートの計算量の下限

ここまで述べたいずれのアルゴリズムも配列中の二つの要素の大小比較に基づいている．整数や浮動小数点数に限らず定数時間で大小比較が可能なあらゆる対象について，それぞれのアルゴリズムに対して示した計算量そのままに（たとえばマージソートなら $O(n \log n)$ 時間のままで）その配列をソートすることが可能である．一方，そのような大小比較に基づくソートアルゴリズムは，$O(n \log n)$ よりも良い最悪計算量を実現することはできない*2こと，すなわち，先のマージソートは大小比較に基づくアルゴリズムの最悪計算量としては最善の計算量を実現しているということを次のように示すことができる．

配列のソートは配列内の要素の大きさ順に配列を並べ替えることであるが，長さ n ($n \geq 2$) の配列の並べ替えの方法は，配列のすべての要素が互いに異なる場合 $n!$ 通り存在する．しかしその $n!$ 通りの並べ替えのいずれが解かは事前には全く不明である．一方，何らかの大小比較を 1 回行うことで，YES/NO の 2 種類の答えを得ることができる．大小比較を t 回行うと，最大で 2^t 種類の解の異なる入力を区別することができる．言い換えると，t 回の大小比較だけでは，2^t 以上の数の解を区別することは理論的に不可能である．このため，もし $2^t < n!$ ならば，区別できない並べ替えが存在するため，正しくソートすることができない配列が必ず存在することになる．これは，あらゆる入力に対し正しくソートできるアル

*2 これは最善の場合に $O(n \log n)$ より速くなることがない，ということはいっていないことに注意．たとえばバブルソートは，入力によっては $O(n)$ で計算できる場合がある．

ゴリズムにおいては，$2^t \geq n!$ となる入力が必ず存在することを意味している．このとき，

$$
\begin{aligned}
t \geq \log n! &= \sum_{k=1}^{n} \log k \\
&> \int_1^n \log x \, dx \\
&= n \log n - \log e \cdot (n-1)
\end{aligned}
\tag{3.6}
$$

であるから，$t = \Omega(n \log n)$ がいえる．すなわち，大小比較に基づくいかなるアルゴリズムも，その最悪計算量は $\Omega(n \log n)$ である．

以上のことから，アルゴリズムが大小比較に基づいている限り，先のマージソートよりも最悪計算量が優れたアルゴリズムを作成することは理論的に不可能である．しかし，この計算量の下限は，あくまでアルゴリズムが大小比較に基づいている場合に限られる．したがって，大小比較以外の演算方法を利用できる場合には，より速い計算量を実現できる可能性がある．次節ではそのようなアルゴリズムを紹介する．

3.6 バケットソートと基数ソート

配列の要素が正の整数で，かつ上限が十分小さな定数 c で抑えられる場合，配列は次のような方法でソートすることが可能である．まず，c 個の空のリストからなる配列（バケット配列とよぶ）を用意する．そして，ソートしたい配列の要素を先頭から順番に見ていき，その要素が i であれば，バケット配列の i 番目のリストにその要素を追加する．すべての要素を追加し終えると，バケット配列を頭から順番に見て行けば，それらの要素はすでにソートされていることになる（図 3.6）．リストへの追加は，$O(1)$ で可能であるから，バケット配列の初期化コストを含め，このソート方法は $O(n+c)$ で実行可能である．このようなソート方法を**バケットソート**とよぶ[*3]．このアルゴリズムは，c が十分小さいならば，$O(n \log n)$ であるクイックソートやマージソートよりも高速である．

バケットソートは要素の最大値 c が大きくなると，時間計算量，空間計算量ともに大きくなり非現実的である．一方で，最大値が c である正の整数は ℓ 進数で

*3　ここではリストを用いて説明しているが，配列のみを用いてバケットソートや次に出てくる基数ソートを実現することも可能である．

表すと，$r = \lceil \log_\ell (c+1) \rceil$ 桁の表現で表すことができる．その際の各桁の値は当然 $\ell - 1$ 以下であり，ℓ が十分小さければ特定の桁の値のみの大小関係によってバケットソートを行うことは可能である．このことを利用したソートが次に述べる**基数ソート**とよばれるアルゴリズムである．

基数ソートでは，一番低い桁から順番に各桁ごとにバケットソートを行う．ただし，このとき同じ桁の値が同じ値ならば順番を変えないようにする．これはバケットソートのバケット配列中のリストを FIFO で扱えば可能である．すると，バケットソートを k 回行った時点で低位 k 桁の内容がソートされた状態になり，全桁の処理を終了すると全要素がソートされた状態になる（図 3.7）．計算量は最悪計算量，平均計算量ともに $O(r \cdot (n + \ell))$ である．この計算量は，r や ℓ が十分小さければ，やはり $O(n \log n)$ よりも良い可能性がある．なお，このアルゴリズムは，文字列の辞書順によるソートなどへも応用可能である．

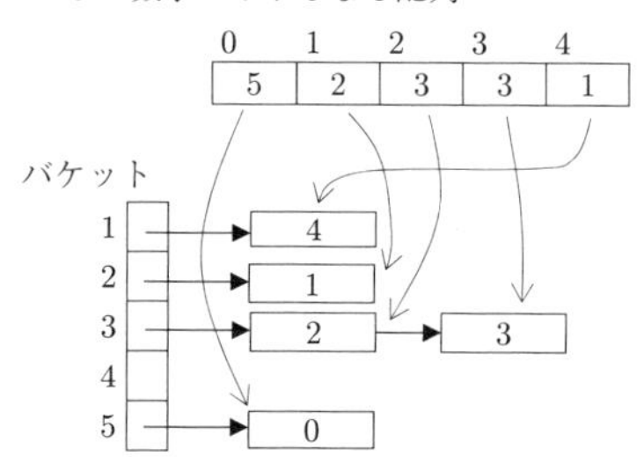

図 3.6　バケットソート．この図では，バケット内のリストにはもとの配列中の対応するインデックスを入れている．

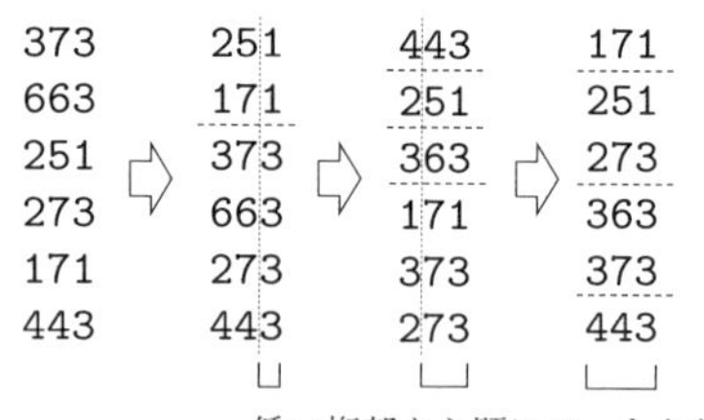

図 3.7　基数ソート．一番低い桁から順番にバケットソートを用いてソートしていく．バケットソート時に同じバケットに入る要素は，バケットソート前の順番を保存したままソートを行う．

4 木のデータ構造

この章では，**木**とよばれる概念とそれにもとづく基本的なデータ構造，ならびにその関連アルゴリズムを紹介する．

4.1 木　とは

木は**節点**と**枝**からなり，以下の性質を持つ．節点は**頂点**，**点**，あるいは**ノード**ともよばれ，枝は**辺**，**エッジ**あるいは**リンク**とよばれることもある．枝は節点と節点を結んだものである（図 4.1）．枝で結ばれている節点のことを隣接節点というが，隣接する二つの節点を結ぶ枝はただ一つに限られる．木においては，枝を辿って行けばどの二つの節点間でも行き来することができる．そのように枝を辿って行くことで得られる節点の並びを**パス**という．このとき，二つの節点間のパスはただ一つに限られる．なお，複数の木の集合を**森**とよぶ．

木の特定の一つの節点を特別扱いし，**根**あるいは**ルート**とよぶことがある．そのような特定の根を持つ木のことを**根つき木**とよぶ（図 4.1 (b)）．逆に根を持たない木のことを**根なし木**とよぶ（図 4.1 (a)）．

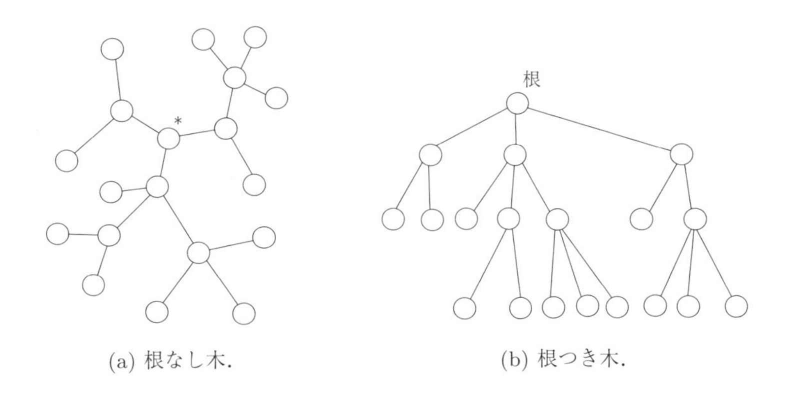

(a) 根なし木.　(b) 根つき木.

図 4.1　木の例．(a) の根なし木の*をつけた節点を根とすると (b) の根つき木が得られる．

根つき木では，根を除く節点のうち枝を一つしか持たないものを**葉**とよぶ．なお，根は持つ枝が一つのみであっても葉とはよばない．また，葉を除く節点は**内部節点**とよばれる．ある節点の根側の隣接節点をその節点の**親**，葉側の隣接節点をその節点の**子**とよぶ．根は親を持たず，葉は子を持たない．根以外の節点はすべてただ一つの親を持ち，また葉以外の節点はすべて一つ以上の子を持つ．複数の子を持つ節点の子の順番を考慮する場合としない場合があり，考慮したものを**順序木**，考慮しないものは**非順序木**とよぶ．節点から子を辿って行くことで辿り着ける節点の集合をその節点の**子孫**とよぶ．逆に節点から親を辿って行くことで辿り着ける節点の集合をその節点の**祖先**とよぶ．根から節点までのパス上の枝の数をその節点の**深さ**，あるいは**レベル**とよぶ．根の深さは0である．また，木の中で最も大きな深さを持つ節点の深さをその根つき木の**深さ**あるいは**高さ**とよぶ．

根つき木を計算機上で実現するには，単純には節点のデータとともに隣接頂点へのポインタを保持すればよい．そのポインタを子から親へのポインタとするか，親から子へのポインタとするか，両方向のポインタとするかは用途による．なお，親から複数ある子へのポインタは，単純にはリストや配列で実現可能である．子がその右の子（順序木の場合．非順序木ならば任意の別の子）へのポインタを持つことでも同じことを実現できる．他にもハッシュによって子へのポインタを管理する方法や，後述する二分木で管理する方法なども考えられるが，用途に応じた効率的な実装方法を工夫する必要がある．

すべての節点が高々k個しか子を持たない根つき木をk**分木**とよぶ．$k=2$なら**二分木**である．順序木である二分木では，節点の順序が先の子を左の子，後の子を右の子とよぶ．高さhの順序木である二分木で，深さが$h-2$以下の節点がすべて二つの子を持ち，深さが$h-1$の節点のうち子を一つしか持たないものは高々一つしか存在せず，子節点の数が2の節点は0や1である節点より左にあり，0である節点は1や2である節点より右にあるものを**完全二分木**とよぶ（図4.2）．このとき，子を一つしか持たない節点vの子はvの左の子であるものとする．節点数がnの完全二分木は大きさnの配列Aを用いて，ポインタを用いずに容易に実現可能である．$A[0]$に根の情報を格納し，$A[i]$の左の子の情報を$A[2i+1]$に，右の子の情報を$A[2i+2]$に格納すればよい．このとき，$A[i]$の親の節点は$A[\lfloor(i-1)/2\rfloor]$となる．この表現は，単純な配列と変わらない記憶領域で実現できるためメモリ効率が良い．節点数nの完全二分木の高さは$O(\log n)$である．

なお，何らかの方法でn個の節点を持つ木を作成しようとした際に，高さが

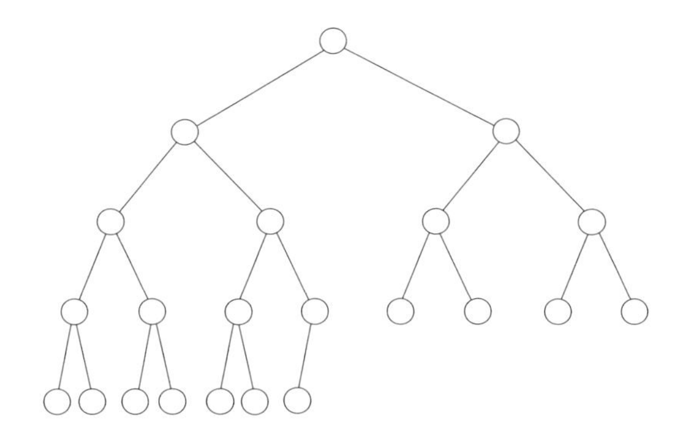

図 4.2　完全二分木.

$O(\log n)$ で抑えられるならば，そのようにして作成された木は**平衡木**とよばれる．上記の完全二分木は平衡木の一種である．また平衡木の他の例としては，4.4.2 節で紹介する AVL 木や 4.4.3 節で紹介する 2-3-4 木なども挙げられる．

一方，根なし木では，枝を一つしか持たない節点はすべて**葉**とよばれる．葉を除く節点は**内部節点**とよばれる．根なし木では，親，子の概念はないため，順序木，非順序木，二分木，平衡木といった概念はない．

根つき木でも根なし木でも，節点や枝に文字や文字列によるラベルや，重みなどの数値を用途に応じて対応させることがある．なお，根つき木においては，ラベルや重みを節点につけることと枝につけることには，さほど実質的な違いはない．これは，根以外のすべての節点が対応する枝（その親との間の枝）を持っていると考えることもできるためである．節点（あるいは枝）に文字のラベルがついた根つき木のうち，同じ節点を親とする子（あるいはその親子間の枝）が互いに異なるラベルを持つ木は**トライ**とよばれる．

4.2　木　の　走　査

木が与えられたとき，その木のすべての節点を辿ることを木の**走査**という．よく知られた走査方法として，**深さ優先探索**と**幅優先探索**という二つの方法がある．

いずれの手法も根から走査を開始する．根なし木の場合は任意の節点を選びそれを根とした根つき木を想定すればよい．深さ優先探索では，ある節点 v を訪れた後，その節点の子 c それぞれに対して c とその子孫を同様の方法で再帰的に走査する（図 4.3）．v の子を走査する順序は，順序木であればその指定された順序で走査し，非順序木であれば任意の順序とする．幅優先探索では，根から深さが小さい順にすべての節点を走査する（図 4.4）．このとき，順序木であれば，指定された順序で走査する．非順序木では，同じ親を持つ子の走査の順序は任意でよいが，同じ深さで異なる親を持つ子の走査の順序は，その親が走査された順序と同じ順序になるようにする．

これらの走査を利用すれば木の各節点にそれぞれ固有の順位（番号）をつけることもできる．図 4.3 の深さ優先探索のコードで，根から初めて訪問した節点の順序で順位をつけたものを**行きがけ順**あるいは**先行順**とよぶ（図 4.5 (a)）．この順序付けでは，親の順位が必ずその子孫の順位よりも若くなる．深さ優先探索を利用した節点への順序付けは他にも方法がありうる．親の順位をその子孫の走査の後

```
1   tree_DFS(節点 v) {
2     v を訪問;
3     for(v のすべての子 c) {   // 順序木ならば指定された順序で
4       tree_DFS(c);
5     }
6   }
```

図 4.3　深さ優先探索．tree_DFS(v) は，深さ優先探索で節点 v とその子孫を走査する．木の根を引数にすれば木全体を走査できる．

```
1   tree_BFS(節点 v) {
2     リスト nodes_to_visit ← {v};
3     while (nodes_to_visit が空でない) {
4       node_to_visit のすべての節点を訪問;
5       リスト parents に node_to_visit の全節点をコピー;
6       node_to_visit を空にする;
7       for(parents 中のすべての節点 v) {   // リストの順序どおりに
8         node_to_visit の末尾に v のすべての子を追加;
                                  // 順序木ならば指定された順序で
9       }  //次の深さの節点を列挙
10    }
11  }
```

図 4.4　幅優先探索．tree_BFS(v) は，幅優先探索で節点 v とその子孫を走査する．木の根を引数にすれば木全体を走査できる．

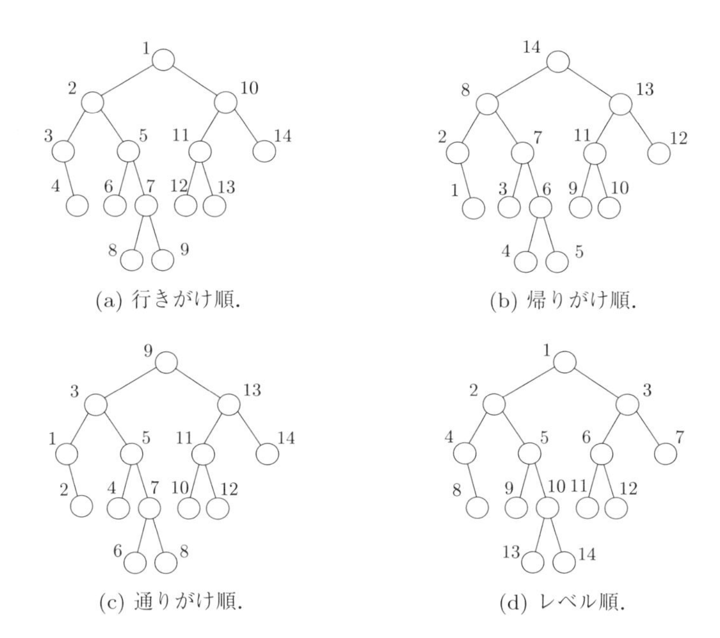

図 4.5 木の走査. 節点の添え字はそれぞれの方法による順位付けを行った場合のその節点の順位.

につける, すなわち親の順位をつけるのを, 図 4.3 の 2 行目ではなく, 5 行目の後に行うことも可能である. この順序付けの場合, 親の順位は必ずその子孫の順位よりも後ろになる. このようにして決定された節点の順序は, **帰りがけ順**あるいは**後行順**とよぶ (図 4.5 (b)). また特別な場合として二分木の場合, 左側の子の探索を終え, 右側の子の探索をする前に親の順位をつけることも考えられる. この順序付けでは, 親の順位は左側の子孫よりは後ろだが, 右側の子孫よりは必ず前になる. このような順序は**通りがけ順**あるいは**中間順**とよばれる (図 4.5 (c)). 一方, 幅優先探索で走査した順序で順序付けすることもでき, **レベル順**という (図 4.5 (d)).

4.3 ヒ ー プ

2.2 節で述べたスタックやキューは, 要素の出し入れが可能な集合であるが, 要素の取り出しはその挿入順序によっていた. 実際の場面では, 挿入順序ではなくその要素の持つ値に基づいて取り出し・削除をしたいという要求が当然ありうる．**優先順位キュー**とは，集合の中から値が最小の（あるいは最大の）要素の取り出しや削除を効率的に行うことのできるデータ構造一般のことをいう．優先順位キューはきわめて重要な基礎的データ構造であり，本書でも最短路の計算（5.3 節）や最小全域木の計算（5.4 節）などで実際に用いる．なお，以下では取り出し・削除は最小の要素からなされるものとして議論を行うが，最大のものとしてもまったく同じ議論が可能である．

優先順位キューのデータ構造を考える際に，最小要素の取り出し・削除以外にもあると便利な操作がいくつかある．優先順位キューにおいて，一般的に効率的に計算できることが求められる操作としては，表 4.1 のようなものがある．

これらの操作効率をバランスよく実現するデータ構造として最も一般的なものが本節で扱う**ヒープ**である．優先順位キューといえばヒープを指すこともある．ヒープとは，優先順位キューに含まれる各要素が節点に一対一に対応し，親の要素の値が子の要素の値以下の値である木構造のことをいう．このとき，ヒープの根は必ず最小要素に対応する．最大要素を取り出したい場合には，親子の大小関係を逆に考えればよい．なお，木ではなくそれぞれヒープの要件を満たした木の集合，すなわち森によって同様の機能を実現することもあり，それらも広義のヒープとして扱われる．森によるヒープの場合は，それを形成する木の根のいずれかが最小要素に対応する．

しかし，ヒープの制約を満たす木や森の構造は一意ではない．また，木や森の構造を特定のものに定めたとしても，要素の節点への割り当ても一意ではない．したがって，操作効率のバランスに応じて様々なヒープの作成方法が存在する．以下では，その中でも最も基本的なヒープの実現方法をいくつか紹介する．

表 4.1　優先順位キューに求められることの多い操作．

最小要素参照	優先順位キューの最小の要素を出力する．
要素の挿入	優先順位キューに新しい要素を挿入する．
最小要素の削除	優先順位キューの最小の要素を削除する．
特定要素の削除	優先順位キューの指定された要素を削除する．
要素値の変更	優先順位キューの指定された要素の値を変更する．
構築	n 個の要素に対し優先順位キューを構築する．
併合	二つの優先順位キューを一つにまとめる．

4.3.1 二分ヒープ

完全二分木によって実現したヒープを**二分ヒープ**とよぶ（図 4.6）．4.1 節で述べたように完全二分木は配列を用いて容易に実現でき，二分ヒープは実用上も最も一般的に用いられる優先順位キューの実装方法である．なお，以下では，一番深い節点の中で一番右側にある節点，すなわち配列で表したときの末尾になる節点をその二分ヒープの末尾の節点とよぶこととする．

二分ヒープから最小要素を出力するには単純に木の根の要素（配列で実現した場合には配列の先頭に相当）を出力するだけでよく，計算時間は $O(1)$ である．

二分ヒープに新しい要素を挿入するには，二分ヒープの末尾にその要素に対応する節点を追加し，その後，その節点から親を辿って行き，親子の大小関係が正しくなるように要素を交換していけばよい（図 4.7）．ヒープの高さが $O(\log n)$ であることから，この計算時間は $O(\log n)$ である．

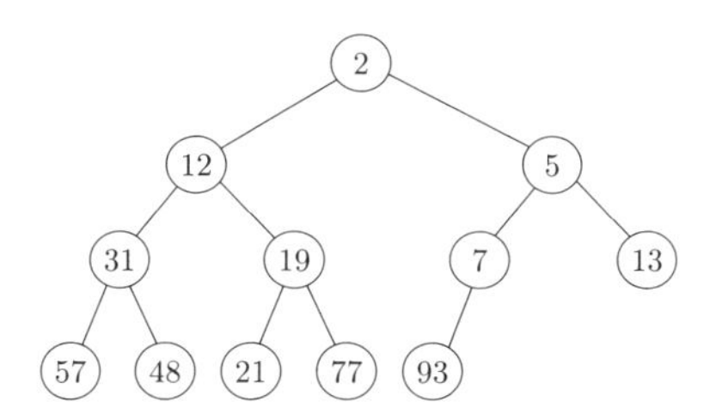

図 4.6 二分ヒープの例．根が最小値に対応する場合，親の要素は子の要素よりも必ず小さくなっている．

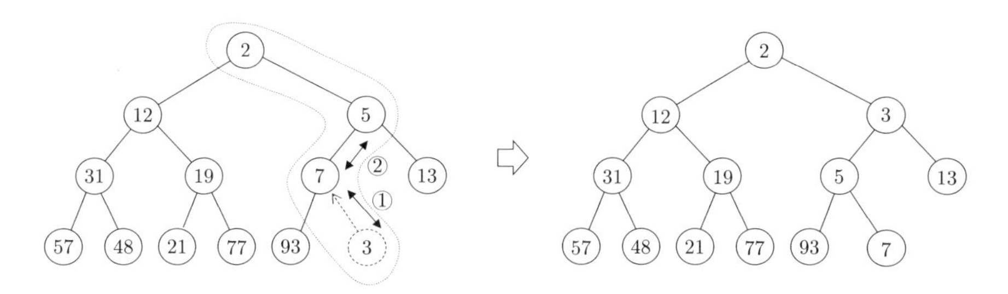

図 4.7 二分ヒープにおける要素の挿入の例．3 という要素を新しく挿入することを考えている．この例では，まず 3 をヒープの末尾に挿入後，3 と 7 を交換し，さらに 5 と 3 を交換すれば正しく挿入することができる．

ある節点 v の要素の値を変更したい場合には，まずその要素を変更する．そのとき，v と v の親，v と v の子との要素の大小関係にそれぞれ問題がなければ，特にそれ以上何も変更する必要はない．しかし，新しい要素が変更前よりも小さく，v の新しい要素が v の親の要素よりも小さくなる場合には，挿入の場合と同様の要領で，v の祖先の親子の大小関係が正しくなるように親を辿りながら交換していく．一方，逆に新しい要素が変更前よりも大きく，v の子節点のうちより小さい要素を持つ節点を w としたとき，w の要素が v の要素よりも小さかった場合には，v の要素をその子 w の要素と交換し，交換後，w とそのさらなる子孫について，同様に親子の大小関係が正しくなるまで要素を交換していく．いずれの場合も操作の回数は二分ヒープの高さを超えないことから，計算時間は $O(\log n)$ である．

最小要素や特定の要素を削除する場合には，まず，削除したい要素に対応する節点 v の要素に二分ヒープの末尾の要素を入れた後，末尾の節点を削除する．この後，v の要素が変更された際と同じ操作を行えばよい．したがって，この計算量は要素の値を変更する場合と同じ $O(\log n)$ である．

与えられた n 個の要素の集合からの二分ヒープの構築は，図 4.8 のアルゴリズムを用いれば $O(n)$ で可能である．このアルゴリズムでは，二分ヒープの深い節点から順に，その節点とその子孫における要素の大小関係のすべてを正しく修正することを全節点について行い，最終的に根以下のすべての大小関係を正しいものとする．この計算量は次のようにして示すことができる．

節点数 n の完全二分木 T の高さを h $(= \lceil \log(n+1) \rceil - 1)$ とおく．関数 correct_binary_heap(v, T) 内では，深さ d の節点 v に対して高々$h-d$ 回しか節点の交換は行われない．そして，深さ d の節点数は高々2^d であるから，全体の計算量は，

$$O(2^{h-1} \cdot 1 + 2^{h-2} \cdot 2 + 2^{h-3} \cdot 3 + \cdots) = O(2^h) = O(n) \tag{4.1}$$

となる．このアルゴリズムは，上の挿入操作を単純に n 回繰り返して構築した場合の計算量 $O(n \log n)$ よりも良い計算量を実現している．

二つの二分ヒープを併合するには，一から構築をやり直す必要がある．すなわち，単純にそれぞれの二分ヒープを表す配列を連結した後，上の二分ヒープの構築を行う．二つの二分ヒープの大きさを n と m とすると，この計算時間は $O(n+m)$ である．

なお，第 3 章でも少し触れたが，優先順位キューを用いて配列をソートすることができる．すなわち，まず優先順位キューを構築し，その後最小要素を出力し削

```
1   construct_binary_heap(要素集合 S[0..n − 1]) {   //ヒープの作成.
2     節点数 n の完全二分木 T を用意し，それぞれの節点に適当に
        S の要素を割り当てる;
          // このとき，T を配列で表した時の i 番目の節点を v_i とおく.
          // （v_0 が根．v_{n−1} が末尾の節点となる.）
3     for (i = n − 1 から 0 まで降順に){    // 後ろから順に計算する.
4       correct_binary_heap(v_i, T);
5     }
6     T を返す;
7   }

8   correct_binary_heap(節点 v, 完全二分木 T) {
                 //節点 v とその子孫の大小関係を修正する再帰的関数.
9     v が葉ならば，何もせずに終了;
10    v^child ← v の子のうち，より小さい要素を持つ子;
11    if (v の要素が v^child の要素よりも大きい) {
12      v と v^child の要素を交換;
13      correct_binary_heap(v^child, T);
14    }
15  }
```

図 4.8 二分ヒープの構築．correct_binary_heap() は末尾の節点から順に呼ばれるため，この関数が呼ばれる時までに，v の子孫の大小関係は，v との関係を除き，すでに正しく修正されている．

除することを優先順位キューが空になるまで繰り返せばよい．このソート方法は**ヒープソート**とよばれる．優先順位キューとして，ここで紹介した二分ヒープを用いれば，大小比較に基づいたアルゴリズムとして最良である $O(n \log n)$ の最悪計算量を達成できる．

4.3.2 二項ヒープ

前節で述べたとおり，二分ヒープの場合，二つのヒープを併合するのに一から構築をやり直す必要がある．**二項ヒープ**は，この併合をより効率よく行うことを目的として考えられたヒープである．この二項ヒープは，**二項木**とよばれる木の集合で構成される．二項木は，次のように帰納的に定義される順序木の系列である（図 4.9）．

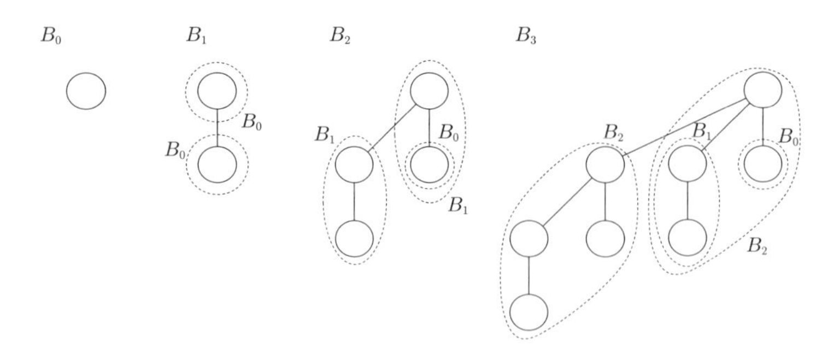

図 4.9　二項木．二項木 B_i は，B_{i-1} の根の最も左側の子として，もう一つ B_{i-1} の根を結合したものである．見方を変えれば，B_i は根の下に $B_{i-1}, B_{i-2}, \ldots, B_0$ を持つ木と見ることもできる．

(1) 0 次の二項木 B_0 は，一つの節点からなる．
(2) i 次の二項木 B_i は，B_{i-1} の根の子の最も左側に B_{i-1} の根を結合したもの．

見方を変えれば，B_i は根の下に $B_{i-1}, B_{i-2}, \ldots, B_0$ を子として持つ順序木と見ることもできる．二項木 B_i の根の子節点数は i，高さも i である．また，(2) より B_i の節点数は B_{i-1} の節点数の 2 倍であり，したがって B_i の節点数は 2^i である．

二項ヒープは次の条件を満たす二項木の集合である．

(1) 二項ヒープ中の各二項木の全節点にはそれぞれ要素が割り当てられ，各二項木はヒープの要件（すなわち，親の要素は子の要素よりも小さい）を満たす．
(2) 集合の中に，同じ次数の二項木は高々一つしか存在しない．

ヒープの要素数が決まっていれば，二項ヒープがどの二項木からなるかは一意である．たとえば，$21 = 2^4 + 2^2 + 1$ なので，要素数が 21 の二項ヒープは B_4, B_2, B_0 の三つの二項木から構成される．また，要素数 n の二項ヒープ中の二項木の数は $\lfloor \log(n+1) \rfloor$ 以下，各二項木の高さは $\lfloor \log n \rfloor$ 以下，各節点の持つ子節点数も $\lfloor \log n \rfloor$ 以下である．

二項ヒープから最小値を出力するには，それを構成する $O(\log n)$ 個の二項木の根の要素の中から最小のものを探せばよい．したがってこの計算は $O(\log n)$ で可能である．ただし，最小要素がどれかをポインタなどで持つことによって，この計算時間は $O(1)$ とできる．

この二項ヒープの最大の特徴は，併合が効率よく行えることである．併合したい二項ヒープがそれぞれ一つの二項木からなっている場合の併合は特に容易で，それらの次数が異なるならば単純に両方を持つのみでよいし，両者の次数が同じ k であっても，単に片方の根の最も左側の子としてもう片方を結合させて B_{k+1} を作るだけでよい．これらはいずれも $O(1)$ で計算可能である．いずれか，あるいは双方の二項ヒープが複数の二項木からなる場合は，同じ次数の二項木があればそれらを上記の方法で併合し，さらに併合して次数が 1 増えた二項木と同じ次数の別の二項木が存在するならば，再帰的に同様の併合を繰り返し，同じ次数の二項木がなくなるまでこれを繰り返していけばよい．このとき，併合の操作の回数は，併合前の両二項ヒープに含まれていた二項木の総数を超えることはない．よって，それぞれのヒープのサイズを n と m として，二項ヒープの併合に要する計算量は $O(\log n + \log m)$ である．

また，大きさ n の二項ヒープに新たに要素を一つ挿入するのは，この二項ヒープと 0 次の二項木のみからなる二項ヒープとを併合することと同じであり，$O(\log n)$ で可能である．

最小要素の削除は，その二項ヒープが一つの二項木 B_k からなる場合は，単にその根を削除するだけでよい．この場合，k 個の二項木 $B_0, B_1, \ldots, B_{k-1}$ からなる新しい二項ヒープができる．二項ヒープが複数の二項木からなる場合は，最小要素を持つ二項木を B_i として，B_i を除いた二項木からなる二項ヒープと，B_i から根を削除して得られる i 個の新しい二項木からなる二項ヒープを併合すればよい．したがって，大きさ n の二項木の最小要素の削除も $O(\log n)$ で可能である．

二項ヒープの要素値をより小さな値に変更するのは，その要素が含まれる二項木の上で二分ヒープの場合と同様の操作を行えばよい．二項ヒープの大きさを n として，これは $O(\log n)$ で可能である．しかし，同じ方法で要素値をより大きな値に変更しようとすると，二項ヒープの各節点の持つ子節点数が $O(\log n)$ であることから，$O(\log^2 n)$ の計算時間が必要となってしまう．そのため要素値のより大きな値への変更は，次に述べる特定要素の削除をまず行った後，新しい要素値を挿入し直した方が計算量の観点からはより効率的で，そうすることによって $O(\log n)$ での更新が可能となる．

二項ヒープの特定の要素を削除するには，その要素の値を最小要素よりも小さな値（$-\infty$ など）に変更する操作を行った後，最小要素の削除を行えばよい．したがって，二項ヒープの特定要素の削除は $O(\log n)$ で可能である．

n 個の要素から二項ヒープを構築するには，その要素数に対応した二項木集合を作成し要素を各節点に適当に割り当てた後[*1]，二分ヒープの構築と同じ方法で，ある節点とその子孫について正しくなっていない親子の大小関係を一番深い節点から順に解消することを繰り返せばよい．二項ヒープが単一の二項木 B_k（節点数 $n = 2^k$）で構成されているとしたとき，この二項ヒープをこの方法で構築する際の最悪要素比較回数 $f(k)$ は，

$$f(k) = \binom{k+1}{2} + \sum_{i=1}^{k-1} f(i) \tag{4.2}$$

と帰納的に表され，$f(0) = 0$ から

$$f(k) = 2^{k+1} - k - 2 = O(n) \tag{4.3}$$

を得ることができる．すなわち，単一の二項木からなる二項ヒープは，二分ヒープの場合と同じく $O(n)$ で構築できることがわかる．一方，二項ヒープが複数の二項木から構成される場合は，それらの木の集合の各節点に要素を適当に割り当てた後[*2]，それぞれの二項木に対して同じ操作を行えばよい．このとき，それぞれの二項木についてかかる計算時間はそれぞれの二項木のサイズに線形である．したがって，この方法による二項ヒープの構築時間はいかなる要素数 n に対しても $O(n)$ である．

4.3.3　Fibonacci ヒープ

Fibonacci（フィボナッチ）**ヒープ**は，最小要素参照，最小要素除去，挿入，特定の要素の値の減少（要素値の増加は考えない）の操作をそれぞれ複数回行うときに，全体の計算量を小さくすることを目的としたヒープである．Fibonacci ヒープでは，1 回の削除や 1 回の要素値減少の最悪計算量は $O(n)$ となる可能性があるが，挿入を n 回，要素値減少を m 回，最小要素削除を ℓ 回行ったとしたときの全体の計算量が，操作の順番にかかわらず $O(n + m + \ell \log n)$ の計算量で済む．これは，挿入や要素値減少の操作の一回あたりの計算量が平均 $O(1)$ で済み，最小要素削除も平均 $O(\log n)$ で可能であることを示している．なお，このような操作

*1　割り当て方法は任意の方法でよい．
*2　同じく割り当て方法は任意でよい．

一回あたりの平均の計算量のことを**ならし計算量**とよぶ．ただし，要素の挿入操作と最小値参照操作は（平均ではなく）常に $O(1)$ で可能である．これは，二分ヒープや二項ヒープにおいて，それらのいずれの操作の計算量も $O(\log n)$ であったことを考えると，全体の計算量としては大幅な改善となっている．

Fibonacci ヒープは複数の木からなり，それぞれの木の節点には要素が割り当てられ，それらの木はヒープの要件（すなわち親の要素値は子の要素値よりも小さい）を満たす．また，それぞれの節点 v は，要素値減少の際に木のバランスを保つために用いる 1 ビットのマーク情報 s_v を持つ．なおこの情報 s_v は要素値減少以外の操作では用いない．さらに，二項ヒープで最小要素参照を $O(1)$ にするために行ったように，最小要素を持つ木がどれであるかの情報（最小要素情報）を管理する．したがって，Fibonacci ヒープにおける最小値参照はその木の根を見るだけでよく，当然に $O(1)$ で可能である．Fibonacci ヒープでは節点の子はリストで管理する．また，Fibonacci ヒープ中のすべての木の根のリストを管理しておく．

Fibonacci ヒープに対する新しい要素の挿入の操作は非常に単純である．単にその要素を割り当てた節点 v のみからなる節点数 1 の木を新たに作成し，$s_v = 0$ とし，必要に応じて最小要素情報を更新するだけでよい．これは $O(1)$ で可能である．しかし，要素をこのように挿入するだけであれば，一つだけの節点からなる木が並ぶだけとなってしまい，単なるリスト表現と何も変わらない．Fibonacci ヒープでは，その代わりに最小要素削除時と要素値減少時にうまくバランスのとれたヒープ構造が組みあがるような操作を行う．

最小要素の削除は以下のようにして行われる（図 4.10）．まず，最小要素を持つ木の根を削除し，その根の子をそれぞれ根とする新しい木を作る．なお，ここまでの操作はリスト構造のポインタの付け替えで，節点の持つ子節点の数の最大値を f として $O(f)$ で可能である[*3]．その後，Fibonacci ヒープの木集合の根のリストを辿って行き，根の子節点の数が同じ木を見つけると，根の要素が小さい方の木の根 v にもう一方の木の根 w を v の子として結合し，一つの木に統合する．さらに，その統合して得られた木と根の子節点数が同じ木がまた他にあれば，それも同様に統合することを繰り返していき，最終的に根の子節点数が同じ木が Fibonacci ヒープの木集合中に存在しなくなるまで繰り返す．このとき，最小要素情報も更新する．根の持つ節点数が i の木の根の一つを $A[i]$ に格納する配列 A ($|A| \leq f$) を

*3 なお，f は $O(\log n)$ であることを後で示す．

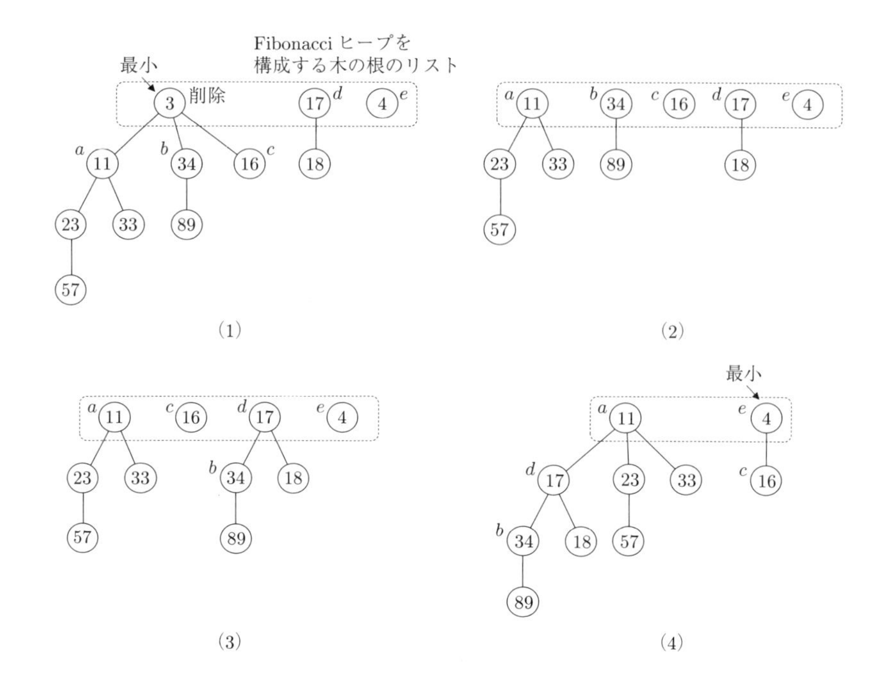

図 4.10　Fibonacci ヒープにおける削除操作．(1) 最小要素を持つ木の根を削除し，(2) その根の子以下の木を新しい木とする．Fibonacci ヒープを構成する木のリストを端から見ていくと，b と d の根が同じ数の子節点を持つため，(3) 結合する．結合した新しい木の根の子節点の数は a と同じなので，さらに (4) 結合し，さらに根のリストを見ていくと，c と e の根も同じ数の子節点を持つので結合する．このとき，最小要素は e が持っているので，その情報も更新する．

持つことで，これらの処理は，最小要素の節点を削除する直前の Fibonacci ヒープ内の木の数を r として，配列 A の初期化に必要な計算量 $O(f)$ を含め $O(r+f)$ で可能である．r は最悪の場合 $O(n)$ となりうるので，この操作の最悪計算量は $O(n)$ である．なお，最小要素削除の際には，どの節点 v についてもマーク情報 s_v の変更は行わない．

要素値減少の際には，まずその節点 v の要素の値を変更する．このとき，v が根であるか，あるいは v の親 w との大小関係に変化がなかったならば当然そのままにすればよいので，それで操作は終了である．問題は v の新しい値が w の要素の値よりも小さかったときで，その場合には，まずその v, w 間の枝を削除すること

によって v を w から切り離し，v を根とした新しい木を作成するとともに $s_v = 0$ とし，さらに必要に応じて Fibonacci ヒープの最小要素情報を更新する．

しかし，このような子節点の切り離しが無秩序になされてしまうと，木の枝分かれが少なくなるなどして，Fibonacci ヒープを構成する木のバランスが悪くなっていくことが懸念される．そこで，Fibonacci ヒープでは，w が根でなかった場合に以下の操作を行う．まず，もし，これまで w が要素値減少操作によって根とされたことがあったならばそれ以降に，そのようなことがなかったならば w が作成されて以降に，w が根ではない状態のときに要素値減少操作によって w の子節点が w から切り離されたことが v 以前にもあったかどうかをチェックする．もしそのようなことがあったならば，w を w の親から切り離し，w を根とする新しい木を作る．そして，もしそのように w を w の親から切り離した場合には，さらに w の祖先に関しても同様のことを行っていく．そうすることで，根を除く節点について二つ以上の子節点をその節点から切り離すようなことがないようにして，バランスの悪い木ができないようにしている．

図 4.11 は，そのような w に対して行う再帰的な操作を擬似コードで示したものである．このコードの中では，「もしこれまで w が要素値減少操作によって根とされたことがあればそれ以降に，そうでなければ w が作成されて以降に，w が根ではない状態のときに要素値減少操作によって w から w の子節点が切り離されたことがある」節点について $s_w = 1$ というマークをつけることによって，この操作を実現している．この要素値減少の計算時間は，要素値を減少しようとした節点の深さを h として $O(h)$ である．ただし，最悪の場合，h は $O(n)$ になりうる．図 4.12 にこれらの操作の例を挙げておく．

```
1  cut_anscestors(節点 w) {
2      w が根であれば要素値減少操作は終了;
3      s_w = 0 であれば s_w の値を 1 に更新して終了;
4      そのいずれでもない場合，w 以下の部分木をその親 w' から切り離し，
       w を根とする新しい木を作る;
5      s_w ← 0;
6      cut_anscestors(w');
7      }
8  }
```

図 4.11　Fibonacci ヒープの要素値減少操作において子節点が切り離された節点 w に対する操作．

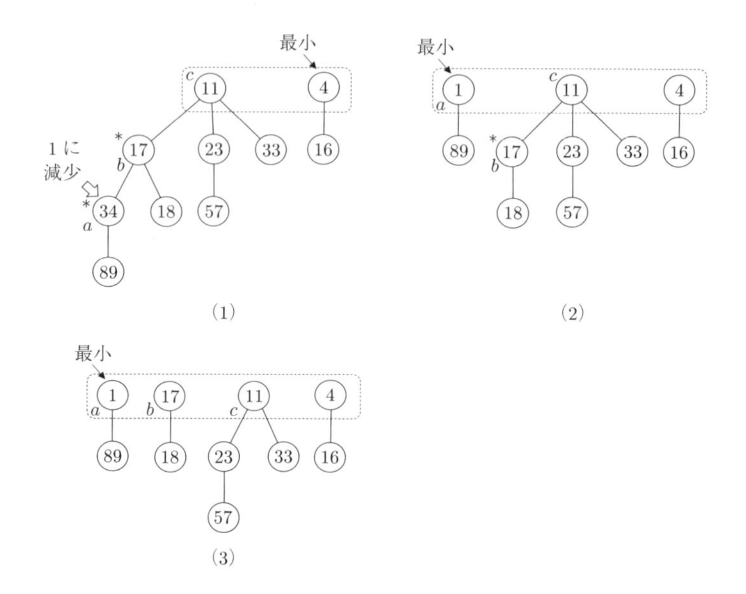

図 4.12　Fibonacci ヒープにおける要素値減少操作．*を付与した節点は s_v の値が 1 である節点である．(1) の Fibonacci ヒープ中の節点 a の要素値を 1 に変更する場合，(2) 要素値を変更後，a とその親 b を切り離し a を根とする新しい木を作成するとともに s_a の値を 0 に更新する．さらに，最小要素を持つ木の情報を更新する．この場合 $s_b = 1$ であるため，(3) b もその親 c より切り離して新しい木を作るとともに $s_c = 0$ とする．c は根であるため操作は終了する．

なお，この要素値減少と最小要素削除を組み合わせれば，特定の節点を削除することが可能である．すなわち，削除したい節点の要素を最小要素よりも小さな任意の値（たとえば無限小）に減少した後，最小要素を削除すればよい．

以下では，挿入を n 回，要素値減少を m 回，最小要素削除を ℓ 回行った際の全体の計算量についていくつかの補題を示しながら考える．

まず，挿入にかかる計算時間については容易に解析できる．

補題 4.1　挿入操作にかかる計算時間の総計は $O(n)$ である．

(証明)　1 回の挿入操作が $O(1)$ しか必要としないため，n 回行っても $O(n)$ の計算時間で済む．　■

次に要素値減少にかかる計算時間について解析する．

補題 4.2 要素値減少にかかる計算時間の総計は $O(m)$ である．

(証明) 要素値減少操作中の枝の切断回数の総計が $O(m)$ であることを示せばよい．

根であるか，または $s_w = 0$ である節点 w とその子 v を切り離す操作を行うのは，1 回の要素値減少において高々1 回だけである．したがって，そのような切り離しの総計は $O(m)$ である．このとき，w が根でなければ w の情報は $s_w = 1$ に変更される．そして，その場合以外には，いかなる節点 x についても $s_x = 0$ から $s_x = 1$ に変更されることはない．

一方，$s_w = 1$ である根ではない節点 w とその子 v を切り離す操作を行う回数の総計は，s_x の値を 1 に変更した節点 x の延べ総数で抑えられる．上の議論から，ある節点 x が $s_x = 1$ と設定されるのは，要素値減少操作中に $s_x = 0$ である節点 x とその子を切り離す場合だけであり，その延べ総数は $O(m)$ である．よって，こちらの回数の総計も $O(m)$ である．

以上のことから，要素値減少にかかる計算時間の総計は $O(m)$ で抑えられる．■

最後に最小要素の削除にかかる計算時間の総計を解析する．

補題 4.3 最小要素の削除にかかる計算時間の総計は，Fibonacci ヒープ中の節点が持つ子の数の最大値を f として，$O(n + m + f \cdot \ell)$ である．

(証明) ある最小要素の削除にかかる計算時間は，最小要素を持つ木の根の全子節点を根から切り離す時間 $O(f)$ と，上記の配列 A の初期化に要する計算時間 $O(f)$ と，木と木を統合する回数を q とした結合処理の時間 $O(q)$ に分けることができる．このうち，根からの子節点の切り離しと配列の初期化に必要な計算時間の総計は $O(f \cdot \ell)$ で抑えることができるため，木と木を結合する回数の総計が $O(n + m + f \cdot \ell)$ であることを示せばよい．

木と木を結合するためには，そもそも木が存在しなければならない．したがって，木と木の結合回数は新たな木の作成回数以下となるはずである．新しい木を作成するのは，挿入時と要素値減少時と最小要素削除時にそれぞれありうる．1 回の挿入時に作られる木は一つのみであり，挿入時に作成された木の総数は $O(n)$ で抑えられる．要素値減少時に作られる木の総数は枝の総切断回数と同じであるため，補題 4.2 での解析から $O(m)$ で抑えられる．また，1 回の最小要素削除時に

作られる木の数は $O(f)$ であり，その総計は $O(f \cdot \ell)$ で抑えられる．したがって，木が作成される数は全体で $O(n + m + f \cdot \ell)$ で抑えられる．

よって，最小要素削除にかかる計算時間の総計は $O(n+m+f \cdot \ell)$ で抑えられる．
■

以上のことから，挿入を n 回，要素値減少を m 回，最小要素削除を ℓ 回行った際の全体の計算量が $O(n + m + f \cdot \ell)$ であることがわかる．以下では，節点が持つ子節点の数の最大値 f が実は $O(\log n)$ で抑えることができ，実際には全体の計算量が $O(n + m + \ell \log n)$ で抑えられることを示す．

補題 4.4 k 個の子を持つ節点の自身を含めた子孫数のありうる最小値を G_k とすると，

$$F_1 = 1, \tag{4.4}$$

$$F_2 = 1, \tag{4.5}$$

$$F_i = F_{i-1} + F_{i-2} \tag{4.6}$$

で定義される Fibonacci 数に対して，$G_k \geq F_{k+2}$ である．

(証明) まず，$G_0 = 1 = F_2, G_1 \geq 2 = F_3$ は自明に成り立つ．そこで，$i \leq k - 1$ である任意の i について，$G_i \geq F_{i+2}$ が成り立っているものと仮定する．

ある節点 v に着目したときに，v の子となっている節点は最小要素削除時に結合したもとは別の木の根だった節点である．v のそれらの子が加えられた順序（ただし，v に最後に加えられるより前にも同じ節点が v に加えられたことがあったとしても，最後の結合のみを考える）で，$w_1, w_2, \ldots, w_k$ とする．すると，w_i が加わった際には，v は少なくとも $i-1$ 以上の子を持っていたはずであるから，w_i の子は v に加わった時点で $i-1$ 個以上の子を持っていたはずである．さらにその後 w_i からさらに子が削除されるとしても，一つまでしか削除されることはないため，w_i には子が $i-2$ 個以上存在するはずである．したがって w_i 自身を含めたその子孫の節点数は G_{i-2} 以上であるはずである．このことから，

$$G_k \geq \sum_{i=2}^{k} G_{i-2} + G_0 + 1$$

$$\geq \sum_{i=2}^{k} F_i + 2$$
$$= F_{k+2} \tag{4.7}$$

が任意の k に対して成り立つ[*4]. ■

補題 4.5 Fibonacci ヒープの任意の節点の子の数の最大値は $O(\log n)$ である.

(証明) 子の数の最大値を f とすると, $G_f \leq n$ である一方で,

$$G_f \geq F_{f+2}$$
$$\geq \left(\frac{1+\sqrt{5}}{2}\right)^f \tag{4.8}$$

である[*5]. したがって f は $O(\log n)$ でなければならない. ■

以上の議論から, 次の結論を得ることができる.

定理 4.1 Fibonacci ヒープにおいて, 挿入を n 回, 要素値減少を m 回, 最小要素削除を ℓ 回行った際の全体の計算量は, $O(n + m + \ell \log n)$ である.

4.4 探 索 木

これまで, 要素集合から要素を探し出すデータ構造として, ソート済み配列を用意して二分探索を行う方法 (3.1 節) やハッシュ法 (2.3 節) などを紹介した. この節では, 木構造に基づいて効率的な探索を可能とする**探索木**とよばれるデータ構造を紹介する.

4.4.1 二 分 探 索 木

3.1 節で紹介した二分探索は, 事前に要素をソートしておき, 調べたい要素と

---

*4 $\sum_{i=2}^{k} F_i + 2 = F_{k+2}$ は, Fibonacci 数の定義式の式変形によって導出できる.

*5 これは簡単には F_n に関する帰納法で証明可能である. なお, $\lim_{n\to\infty}(F_{n+1}/F_n) = (1+\sqrt{5})/2$ であることが知られている. Fibonacci 数に関する詳しい解析については[7]などを見よ.

ソート済み配列の中央の要素とを比較して，中央の要素の左右どちらに調べたい要素があるかを調べることを再帰的に繰り返すことによって，大きさ n の要素集合の中から欲しい要素を $O(\log n)$ で見つけ出すことができるアルゴリズムであった．このアルゴリズムの動作は，図 4.13 のような木で表すことができる．図 4.13 (2) の二分順序木は，最初に比較する要素（すなわち配列の中央の要素）が根に配置され，それと比較した際に調べたい要素がそれより小さければ左の子を，そうでなければ右側の子を辿るということを繰り返せば，図 4.13 (1) の配列に対する二分探索と同じことができるようになっている．この木では，子が一つしかない節点であっても，その子が「右側の子」か「左側の子」であるかが指定されているものとする．このとき，木の特定の節点の要素は，その左側の子孫のいずれの節点の要素よりも大きく，右側の子孫のいずれの節点の要素よりも小さい．なお，探したい要素のことをクエリーとよぶ．また，以下では簡単のため，要素集合は同じ要素を二つ以上含まないものとする．

図 4.13 (2) の木に限らず一般的な二分順序木において，その各節点に要素が割り当てられ，いずれの節点の要素もその左側の子孫のどの節点の要素よりも大きく，右側の子孫のどの節点の要素よりも小さいという条件を満たしていれば，その二分順序木を用いて同様の要素探索を行うことができる．なおこのとき，要素のソート順と木の通りがけ順は必ず同じ順序となっている．このような木のこと

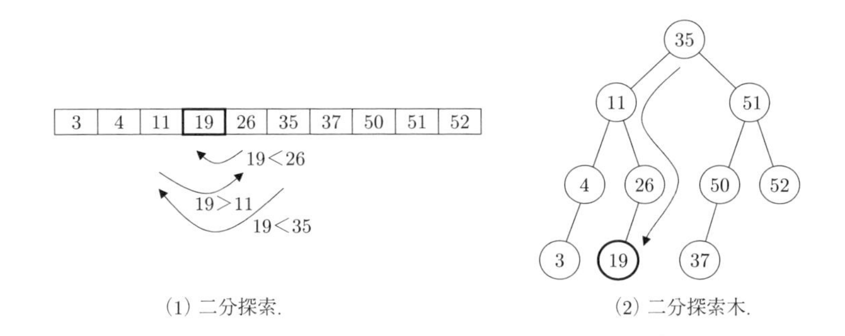

(1) 二分探索.　　(2) 二分探索木.

図 4.13　二分探索と二分探索木．(1) のソート済み配列から二分探索で 19 を見つけるためには，まず全体の中央にある 35 と比較し，それよりも左側にあることから，その左の中央の 11 との比較を行い，さらに 26 と比較すればよい．(2) の二分探索木は，この二分探索を木構造を用いて表したものでもある．(2) の木の節点を通りがけ順にならべるとソート順になる．

を**二分探索木**とよぶ．二分探索木は，木の形さえ与えられれば，ソートされた要素を通りがけ順に配置するだけで作成することができる．したがって，どのような二分順序木の二分探索木も要素をソートする計算時間である $O(n\log n)$ で作成することができる．逆に，二分探索木で通りがけ順に要素を出力するとソートされた要素リストを得ることができるため，要素の大小比較演算に基づいた計算のみでは，二分探索木は $O(n\log n)$ よりも良い計算量で作成することはできない．

二分探索木における要素が p である節点の探索は，根から順に p が節点の要素より小さいならば左の子を，大きいならば右の子を辿って行き，そのような節点が見つかるまで単純に木を辿って行けばよいだけである．したがって，探索にかかる計算時間は，木の高さを h として $O(h)$ である．図 4.13 (2) のような二分探索アルゴリズムの動作に準じた木の場合，要素数を n とすると h は $O(\log n)$ で抑えられるため，この計算時間は $O(\log n)$ で抑えられる．しかし，二分探索木の形状によっては，最悪の場合 $O(n)$ 時間となってしまうこともありうる．

次に二分探索木への要素が p である節点の挿入を考える．このとき，挿入前の木には要素が p である節点は存在しないものとする．まず，探索の場合と同様に，根から順番に p が節点の要素より小さいならば左の子を，大きいならば右の子を辿って行く．そのとき，ある節点 v について，p が v の要素よりも小さいにもかかわらず v に左の子が存在しなかったならば，新しい節点は v の左の子として作成すればよい．逆にある節点 v について，p が v の要素よりも大きいにもかかわらず v に右の子が存在しなかったならば，新しい節点は v の右の子として作成すればよい．この計算は木の高さを h としてやはり $O(h)$ である．最悪の場合これは $O(n)$ となる．

二分探索木の節点 v を削除するには，v が葉であれば単に削除するだけでよい．v に子が一つ（w とする）しかなければ v を削除し，v の親 x に w を v の代わりに結合してやればよい．v が x の左の子であるなら w は x の左の子として，右の子であるなら右の子として結合する．v が子を二つ持つ場合には，まず v の要素より小さい中で最も大きな要素を持つ節点 y を探し出す[*6]．y は必ず v の子孫であり，y を見つけるには v の左の子からその子孫を右の子を辿って行き，右の子を持たない子孫を見つけ出せばよい．そして，y の要素を v に移すとともに，y を同様の削除方法に従って削除する．y は子を高々一つしか持たないので，$O(1)$ で

*6 あるいは v の要素より大きい中で最も小さな要素を持つ節点でもよい．

削除可能である．この場合の計算時間は木の高さを h とすると $O(h)$ である．最悪の場合これは $O(n)$ となる．

このように，二分探索木では，探索，挿入，削除のいずれの性能も木が深ければ深いほど悪くなり，最悪計算量はどうしても $O(n)$ になってしまう．ただ，二分探索木への節点挿入が完全にランダムな順序であり，かつ二分探索木から節点の削除を行わないのであれば，ランダムに選んだ要素の探索に要する計算時間の期待値が $O(\log n)$ に収まることを次のように示すことができる．

そのようにランダムに生成された木においては，その根 r として選ばれる節点の要素は完全にランダムに選ばれたものである．さらに，r の左の子として選ばれる節点の要素は，r の要素よりも小さな要素の中からランダムに選ばれる．他の節点も同様である．これはクイックソートを行った際のピボット選択と全く同じ状況である．このとき，大きさ n の木のすべての節点の要素を 1 回ずつ探索したときに，辿る枝の数（すなわちその節点の深さ）の総和の期待値を E_n とおく．すると，$E_0 = 0$ で，

$$
\begin{aligned}
E_n &= (n-1) + \frac{1}{n} \cdot \sum_{i=0}^{n-1} \{E_i + E_{n-i-1}\} \\
&= n - 1 + \frac{2}{n} \cdot \sum_{i=0}^{n-1} E_i, \qquad (4.9)
\end{aligned}
$$

と帰納的に書くことができる．この式はクイックソートの平均計算量を求めるのに用いた式 (3.1) とほぼ同じ式であり，クイックソートの平均計算量と同様の解析で，E_n が $O(n \log n)$ であることを示すことができる．したがって，そのようなランダムな順序で要素が挿入された二分木における節点の平均的な深さは $O(\log n)$ である．すなわち，ランダムに選んだ要素の平均的な探索時間は $O(\log n)$ であることがいえる．

4.4.2　AVL 木

前節で紹介した一般的な二分探索木は，入力要素列がランダムであればそれなりに効率的であったが，最悪性能は $O(n)$ となってしまっていた．これに対し，探索，挿入，削除などの操作をバランスよく効率化させるために，何らかの方法で木の節点の深さのバランスをとるデータ構造のことを**平衡探索木**とよぶ．**AVL**

木は，Adelson-Velskii と Landis によって考案された平衡探索木の一つである．

AVL 木は，どの節点についてもその右の子の子孫の最大深さと左の子の子孫の最大深さの差が 1 以内であるようにした二分探索木である．AVL 木では，節点の挿入・削除の際に AVL 木の要件を保つため，各節点に右の子がより深い子孫を持つか，左の子がより深い子孫を持つか，どちらの子孫の最大深さも同じであるかの情報を格納している（図 4.14）．以下では，この情報のことをバランス情報とよび，図 4.14 で付している $>$, $=$, $<$ という記号をバランス記号とよぶこととする．

AVL 木は二分探索木であるため，要素の探索方法は通常の二分探索木と同じく根から辿ればよい．木の高さを h とすれば，これは $O(h)$ で計算できる．

AVL 木において挿入や削除を行うには，まず最初に前節で説明した通常の二分探索木の場合と同様の挿入，削除の操作を行う．その際，木のバランスが当然変化するが，それについては後で修正する．ここまでは木の高さを h とすれば，これは $O(h)$ で計算できる．

この挿入操作では木に葉を一つ加えることになる．一方，削除操作では，もし削除したい節点 v が葉である場合には単純に v を削除する．v が子を 1 個しか持たない場合には，その節点の子 w は AVL 木の要件から葉であり，v と w の要素を交換後，葉 w を削除する．v が子を 2 個持つ場合には，v の要素よりも小さい中で最も大きな要素を持つ節点 y と v の要素を交換した後，y を削除する．この

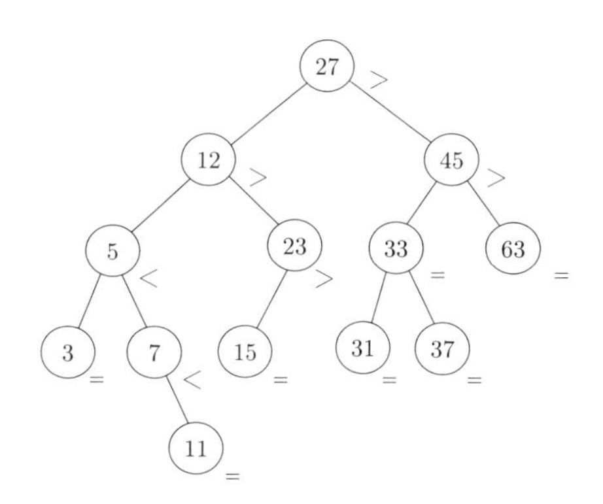

図 **4.14**　AVL 木．バランス記号 $>$ を付している節点は左の子の子孫の方が深い．$<$ を付している節点は右の子の子孫が深く，$=$ を付してある節点は同じ深さとなっている．AVL 木では，左右の子の子孫の深さは異なっても高々1 しか異ならない．

とき y が右の子を持つことはない．y が葉であれば葉 y を削除し，そうでなければ，y の左の子である葉 u と要素を交換した後，葉 u を削除すればよい．いずれの場合にせよ，AVL 木において二分探索木の節点の削除操作を行おうとすると，必ず葉を削除することになる．そして，最後の葉の削除のときのみ木の形が変化する．以下では，葉の挿入・削除を行って木のバランスが崩れたときに，どのようにそれを修正するかについて考える．

葉を挿入あるいは削除すると，挿入した葉節点の親 z，あるいは，削除しようとする葉節点の親 z のバランス情報が変化する．さらに場合によっては，z の子孫の最大深さが変化した可能性があるため，z の祖先についてもバランス情報が変化した可能性がある．挿入であれ削除であれ，もし z の子孫の最大深さに変化がなく，z の左右の子孫の最大深さの差が 1 以下のままであれば，z のバランス情報を更新すれば操作は終了である．z の子孫の最大深さに変化があったとしても，それによって AVL 木の要件が破られなかった場合には，z の祖先のバランス情報を更新するだけでよい．この計算は木の高さを h として $O(h)$ で可能である．

問題は，z から祖先を辿って，z 自身あるいはその祖先の節点に AVL 木の要件を満たさない節点，すなわちある節点の左右の子孫の深さの差が 2 になっている節点を発見したときである．(なお，挿入・削除前の木が AVL 木の要件を満たしていれば，この深さの差が 3 以上になることはない.) そのような場合には，その節点に対し図 4.15 のような回転操作とよばれる操作を行う．なお，この図は節点 a の左の子孫が右の子孫より 2 だけ深くなった状況に対する対処方法を記しているが，左右逆の場合は単純に図のすべてを左右逆にして議論すればよい．この回転操作を行えば，少なくともこの節点とその子孫に関しては AVL 木の要件，すなわち左右の子の子孫の最大深さの差が 1 以下であるという条件が満たされるようにできる．

回転操作の前後の部分木の高さは，図 4.15 (1) において節点 b の回転操作前のバランス記号が $=$ の場合には変わらないが，それ以外の場合には操作後に部分木の高さは 1 小さくなる．しかし，この回転操作で部分木の高さが変わった場合も，その祖先の節点の左右の子節点の子孫の深さの差は，必ず 2 以下には保たれる．したがって，回転操作後は，引き続きその節点の祖先を遡って，必要に応じてバランス情報の更新あるいは回転操作を行っていけばよい．バランス情報の更新も回転操作もいずれも $O(1)$ で可能なため，これは木の最大の高さを h として $O(h)$ で可能である．

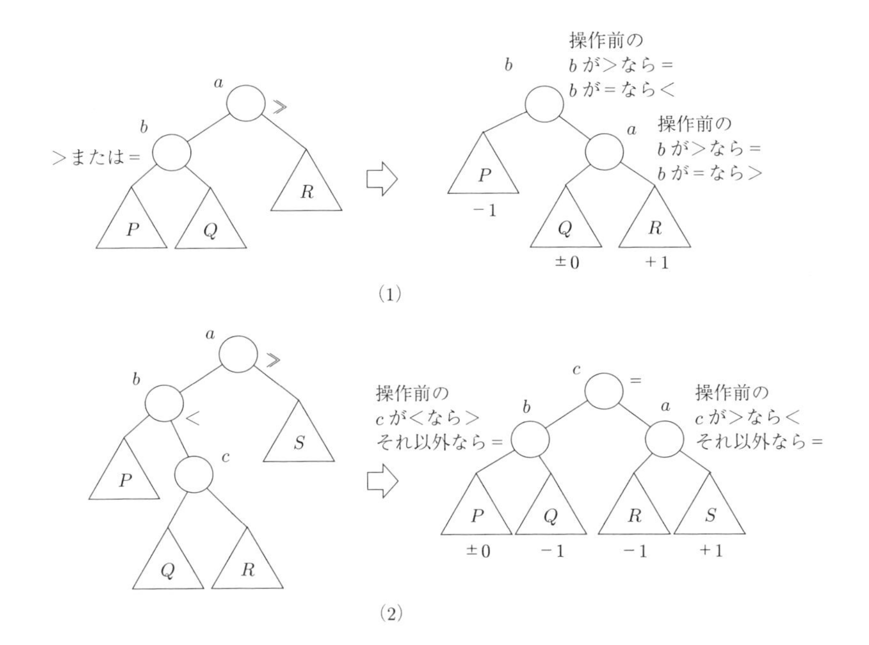

図 4.15 AVL 木における回転操作．木の中のある節点 a が AVL の要件を満たさなくなった場合にこのいずれかの操作を行う．a の左側の子孫の深さが右側の子孫より 2 大きくなってしまった場合（特殊なバランス記号 $\gg$ で表している）に，もし，左の子 b のバランス記号が $>$ または $=$ すなわち b の左側の子孫が右側の子孫以上に深い場合には (1) の操作を，そうでない場合には (2) の操作を行う．部分木の下の数字は，回転操作前に比べてそれぞれの部分木の中の節点の最大の深さがどう変化したかを表している．

以上のことから，AVL 木の節点の挿入・削除は，AVL 木の要件を破らずに $O(h)$ で可能である．

ここで，高さ h の AVL 木の最小節点数を N_h とおくと，

$$N_0 = 1, \tag{4.10}$$

$$N_1 = 2, \tag{4.11}$$

$$N_h = N_{h-1} + N_{h-2} + 1, \tag{4.12}$$

と帰納的に書くことができる．すると，4.3.3 節でも用いた $F_1 = 1$，$F_2 = 1$，$F_i = F_{i-1} + F_{i-2}$ で定義される Fibonacci 数との関係から，

$$N_h \geq F_{h+2}$$
$$\geq \left(\frac{1+\sqrt{5}}{2}\right)^h \tag{4.13}$$

を示すことができる．よって，節点数 n の AVL 木の高さ h は $O(\log n)$ で抑えられる．したがって，AVL 木の探索，挿入，削除の計算量はいずれも $O(\log n)$ である．

4.4.3　2-3-4 木

2-3-4 木は，葉以外の節点の子の数を 2, 3, 4 のいずれかとするとともに，各接点で複数の要素を管理することによって平衡探索木を実現したものである．以下ではこれまでの議論と同様，簡単のため節点の要素はすべて異なっているものとする．2-3-4 木の各節点は一つ以上三つ以下のソートされた要素を持ち，k 個の要素を持つ内部節点は $k+1$ 個の子を持つ．また，2-3-4 木の葉の深さはすべて同一である．そして，節点の i 番目の要素は必ず i 番目の子ならびにその子孫のどの要素よりも大きく，また $i+1$ 番目の子ならびにその子孫のどの要素よりも小さい (図 4.16)．こうすることで，通常の二分探索木と同様の探索が可能となる．2-3-4 木は葉の深さがすべて同一で，すべての内部節点の子の数が 2 以上であることから，木の高さは $O(\log n)$ に抑えられる．なお，以下では，要素の数が k である節点を $(k+1)$-節点とよぶこととする．

2-3-4 木で新しい要素を挿入する際には，葉の要素数が 4 となることを許して要素を挿入した場合に探索木の要件を満たすような葉をまず探索して見つけ，その葉を v とする．もし，v が 2-節点あるいは 3-節点であれば，その要素を v に加え

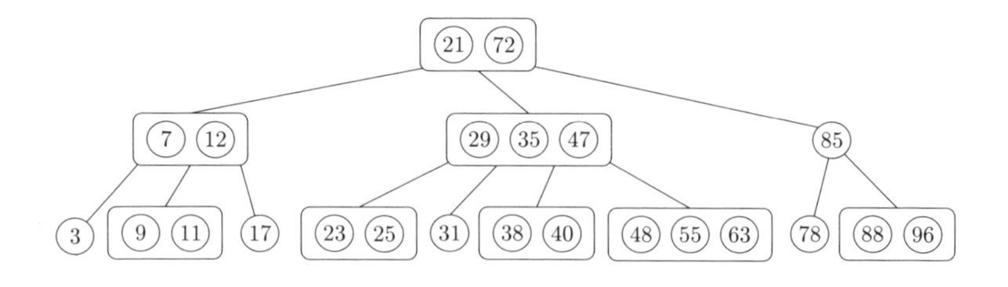

図 4.16　2-3-4 木．節点は最大三つまでの要素を持ち，それらはソートされている．

れば終了である．v が 4-節点である場合でも，v の親 w が 2-節点あるいは 3-節点であれば，v の三つの要素のうち中央の要素を w に移し，v の残りの三つの要素を 2-節点と 3-節点の二つの独立した節点として w の子とすればよい．w が 4-節点である場合には，v に対して行ったことと同じことを w とその親に関して再帰的に行っていけばよい．なお，w が 4-節点，かつ根であった場合には，w の中央の要素を持つ新たな根を作成すればよい．その場合，木の高さが 1 増えることになる（図 4.17）．この計算は木の高さに比例した計算時間で済むため $O(\log n)$ である．

要素の削除は次のように行えばよい．まず削除したい要素 x を持った節点 v が葉ではない場合には，まず，その要素 x よりも大きい要素のうち最小の要素 y を持つ節点 w を探し出す．これは $O(\log n)$ で可能である．このとき，w は必ず葉である．x の代わりにその要素 y を v に格納し，w 内の要素 y を削除することにすれば，この問題は w という葉の中の要素 y を削除する問題に帰着することができる．葉 w の中の要素を削除する場合，もし w が 3-節点や 4-節点であれば，単純にその要素を削除すればよい．もし w が 2-節点であっても，w の親 u と u の子（すなわち w の兄弟節点）のいずれかに 3-節点や 4-節点があれば，その間で 2-3-4 木の要件を満たしたまま要素を移動させて w を 3-節点とすることができ，3-節点にした w から削除したい要素を削除すればよい．これは $O(1)$ で可能である．問題は，親 u とその子のいずれにも 3-節点や 4-節点がなく，いずれも 2-節点のみである場合である．その場合は，u とその親・兄弟に対して，w に行ったことと同じことを再帰的に行えばよい．ただし，根にいたるまですべて 2-節点であった場合には，根節点ならびにその左右の子をまとめて一つの 4-節点にした上で要素の

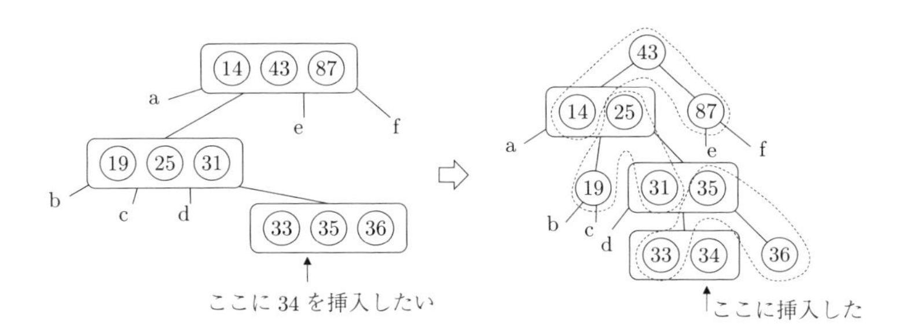

図 4.17　2-3-4 木の 4-節点への要素の挿入．まず，入れたい節点を（再帰的に）2-節点に変えた後に要素を挿入する．もし根にいたるまですべて 4-節点であれば，根の要素の中央要素を新しい根とする．このとき木の高さは 1 大きくなる．

削除を行えばよい．この場合には木の高さが 1 減ることになる．この削除の計算時間も木の高さに比例するので $O(\log n)$ である．

この 2-3-4 木を実装しようとすると，節点の種類が多く少し煩雑になる．それを回避するために，節点内の要素を二分木で表すことで全体を二分木で表したデータ構造もあり，**赤黒木**とよばれる．また，各節点の要素数を最大 $2m$ 個まで許すように 2-3-4 木を拡張したものを **B 木**とよぶ．B 木も，2-3-4 木とほぼ同様のアルゴリズムで探索，挿入，削除が可能である．

4.5　ユニオン・ファインド木

集合 $S = \{a_1, a_2, \ldots, a_n\}$ に対して，それぞれ一つの要素からなる S の n 個の部分集合 $\{a_k\}$ $(1 \leq k \leq n)$ を考える．このとき，ユニオン操作 union(i, j) を a_i を含む部分集合と a_j を含む部分集合をまとめて一つの集合にする操作とする．またファインド操作 find(i, j) を a_i と a_j が同じ部分集合に含まれているかどうかを判定する操作とする．**ユニオン・ファインド木**は，この二つの操作を可能とするデータ構造である．

ユニオン・ファインド木は一つの部分集合を一つの木で表しており，ユニオン・ファインド木全体は木の集合，すなわち森となっている（図 4.18）．木の各節点は

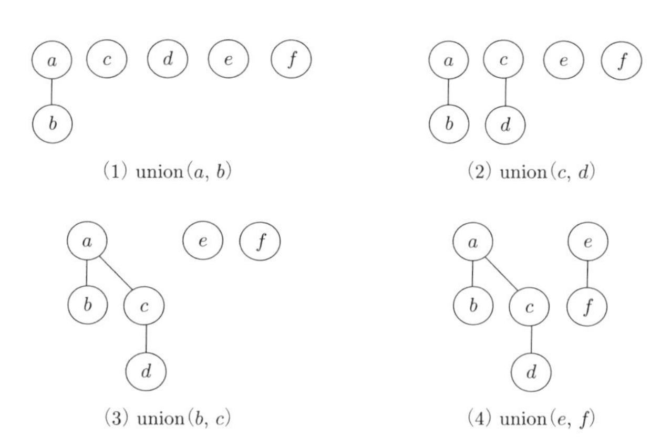

図 4.18　ユニオン・ファインド木．(1)–(4) のユニオン操作を行っていくと図のように森が変化していく．

部分集合中の各要素に対応する．ここで，a_k に対応する節点を v_k とする．ファインド操作 find(i, j) が行われると，v_i, v_j のそれぞれから親を辿って行き，それぞれが含まれる木の根を見つけて，それが同一であるかどうかを確かめればよい．この計算は，木の高さを h とすると $O(h)$ で計算可能である．なお，このとき v_i と v_j およびその 2 節点から根まで辿る途中の節点の親を根に付け替えるようにすれば，次回以降のそれらの節点に絡んだファインド操作の計算をより高速に行うことができるようになる．

一方ユニオン操作 union(i, j) では，まず前述のファインド操作 find(i, j) を行う．それによって a_i と a_j が同じ部分集合に含まれていることが判明すれば，それ以上何もする必要はない．そうでなかった場合には，a_i が含まれる木と，a_j が含まれる木のうち，節点数の大きい方の木（同じ大きさであればどちらでもよい）の根の新しい子として，節点数の小さい方の木の根を加えるようにして木を併合させる．

ユニオン操作で二つの木を併合する際，大きい方の木に含まれていた節点の深さはいずれも併合前後で変化しないが，小さい方の木に含まれていた節点の深さはいずれも併合後 1 増える．その一方で新しい木の節点数は併合前の小さい方の木の節点数の倍以上である．このことから，高さ h の木の節点数は 2^h 以上であることがわかる．よって，ユニオン・ファインド木の高さは $O(\log n)$ で抑えられる．したがって，ユニオン・ファインド木を用いればファインド操作もユニオン操作もいずれも $O(\log n)$ で可能である．

4.6　区　　間　　木

1 次元上の x 以上 y 以下の領域 $[x, y]$ を**区間**とよぶ．区間の集合の中からクエリーとする値 q を含む区間を見つけることを，何らかの木構造によって効率化するデータ構造のことを**区間木**とよぶ．区間木の実現方法には様々なものがあるが，ここでは，その中でも二分探索木を用いた単純な方法を紹介する．

一般的な AVL 木などの平衡二分探索木を以下のように拡張すると，区間の集合 $\{I_1, I_2, \ldots, I_n\}$ の中からクエリー q を含む区間を $O(\log n)$ で一つ探し出すことができるようになる．ここで $I_i = [x_i, y_i]$ とし，簡単のためすべての座標は異なるものとする．まず，x_i を各節点の要素とする二分探索木を作成する．そして，要素 x_i に対応する節点 v_i に，x_i の他に y_i の情報とその節点の（自身を含む）子孫

の中で最も大きな y_i の値 max_i を持たせる（図 4.19）．max_i の値は葉から親へと計算していけば，容易に $O(n)$ で計算できる．また，節点の挿入・削除時の max_i の値の更新も単純にそれらの挿入・削除が行われた節点の祖先に関して更新すればよいだけであり，$O(\log n)$ で可能である．

クエリー q を含む区間を一つ見つけるには以下のようにすればよい．この木を根から辿る途中で節点 v_i を通る際に，もし $x_i \leq q \leq y_i$ であれば I_i を出力して終了する．そうでなかったときに，もし v_i の左の子 v_ℓ が存在し $q \leq max_\ell$ であるならば v_ℓ とその子孫を再帰的に探索する．このとき，たとえ v_i の右の子 v_r 以下の子孫で q を含む区間に対応した節点があったとしても，その場合には v_ℓ 以下の子孫にも必ず同様の q を含む区間があることが保証されるため，v_r 以下の子孫を探索する必要はない．一方，それ以外の場合，すなわち v_i の左の子が存在しないか，左の子 v_ℓ が存在しても $q > max_\ell$ である場合には，もし v_i に右の子 v_r が存在し $q \leq max_r$ であるならば v_r とその子孫を再帰的に探索する．それらのいずれでもない場合には v_r より下に q を含む区間は存在しないため終了する．これらの計算はただ根から順に子へと辿って行くだけででき，その計算量は $O(\log n)$ である[*7]．

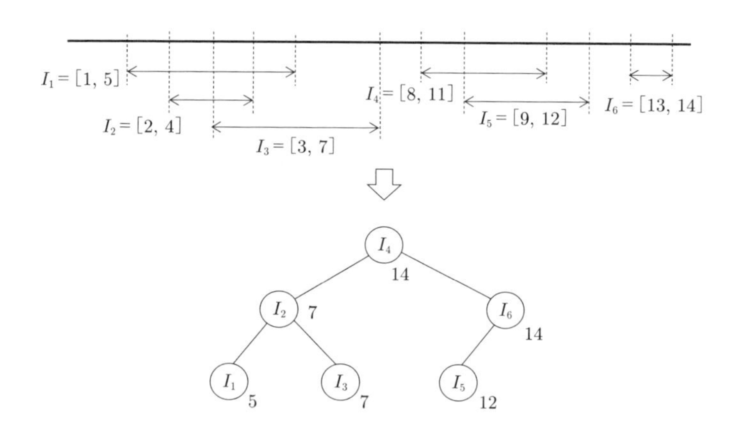

図 4.19　区間木．各節点の右下の数字はその節点の子孫（自身を含む）の区間の右端座標のうち最大のもの (max_i)．

*7　区間木の他のバリエーションについては[8]などを見よ．

4.7 k-D 木

空間上の点集合から点を効率的に探すための木構造によるデータ構造を，一般的に空間探索木とよぶ．二分探索木も，1 次元空間上に分布する点の集合から点を探すためのデータ構造と考えれば空間探索木の一種といえるが，**k-D 木**はこれを k 次元に拡張したものである（図 4.20）．

k 次元の k 個の軸を $X_1, X_2, \ldots, X_k$ とすると，典型的な k-D 木では，軸ごとに点集合をソートしておき，軸を順番に見て行きながら，その軸の座標の中央値を持つ点（点数が偶数の場合は中央の左隣か右隣のいずれかの点）を節点の要素とし，それよりもその座標値が小さいものと大きいものに分ける，ということを再帰的に繰り返すことで二分木を作成する（図 4.21）．なお，ここでは簡単のためどの軸においても同じ座標値を持つ点は存在しないものとする．k-D 木は平衡木であり，k-D 木の高さは点数を n として $O(\log n)$ である．事前に各軸で点集合をソートしておくことで，k-D 木の構築は $O(n \log n)$ 時間で可能である．

k-D 木の探索も二分探索木とほぼ同様にして行えばよい．すなわち，節点を作る際に用いた軸の座標値が節点のそれよりクエリーのそれが小さければ左，大きければ右を辿りながら，探したい点を見つければよい．これは $O(\log n)$ で可能である．

これをさらに推し進めると，クエリー点から半径 r 以内の点を探索するといったことも可能である．これは k-D 木のある節点の子孫が空間内のどのような領域（2 次元では矩形領域になる）にあるかを容易に知ることができるので，その領域内でクエリー点から半径 r 以内の点が存在する可能性がある場合にだけそ

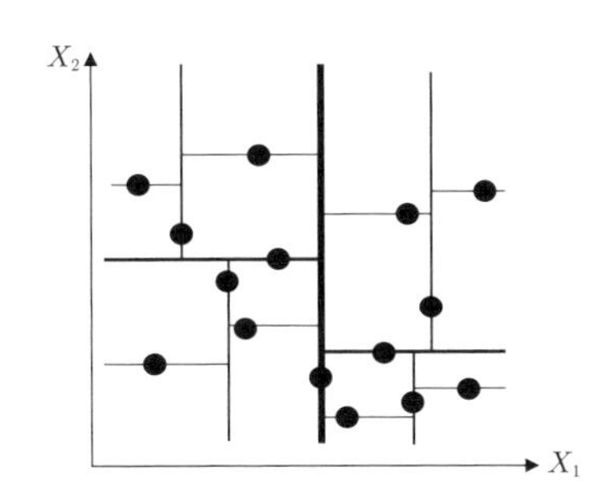

図 **4.20** 2-D 木．空間を半分ずつに区切って点集合をほぼ半分ずつに分割していく．

```
1   kD_Tree(点集合 S, 軸 X) {
2     S が空集合ならば，空の節点（nil）を返して終了;
3     pivot ← S の中で X 座標が中央である点;
4     root ← pivot を要素に持つ新しい節点;
5     S_left ← pivot より X 座標値が小さな点集合;
6     S_right ← pivot より X 座標値が大きな点集合;
7     Y ← X の次の軸;
8     root の左の子 ←kD_Tree(S_left, Y);
9     root の右の子 ←kD_Tree(S_right, Y);
10    root を返す;  // 作成した木の根を返す
11  }
```

図 4.21　k-D 木の作成．軸を $X_1, X_2, \ldots, X_k$ として，X_i の「次の軸」は $i < k$ ならば X_{i+1}，$i = k$ ならば X_1 とする．$k = 1$ のときには，k-D 木は二分探索木と同等である．

の子孫を辿って行けばよい．この計算量は，最終的な解の数を occ としたとき，$O(occ + k \cdot n^{1-1/k})$ となることが知られている[8]．なお，k-D 木への要素の挿入･削除は二分探索木と同様に可能であるが，その際に平衡をとるのは容易ではない*8．

*8　空間探索木のバリエーションについては[8]に詳しい．

5 グラフアルゴリズム

この章では，様々な事柄の二項関係を表す基礎的な抽象概念であるグラフと，それに関連したいくつかの基本的なアルゴリズムを紹介する．

5.1 グラフとは

グラフは，集合中の任意の二つの要素間の関係の有無を表したもので，**頂点**とよばれる要素の集合 V と，V の 2 要素を結ぶ**辺**とよばれる要素の集合 $E \subset V^2$ の二つの集合から表され，$G = (V, E)$ と表記される．前章で扱った木はグラフの一種と見ることができる．木の場合と同様に，頂点は**節点**，**点**，あるいは**ノード**ともよばれ，辺は**枝**，**エッジ**，あるいは**リンク**とよばれることもある[*1]．辺 $e = (v_1, v_2) \in E$ は，2 頂点 v_1, v_2 間に関係があることを表す．v_1 と v_2 は**隣接**しているといい，v_1, v_2 を e の端点という．グラフは図 5.1 のような図形的表現で描画することが可能である．なお，図 5.1 のグラフのように平面上で辺を交叉させずに表現できるようなグラフは**平面的グラフ**とよばれる．

グラフを計算機上で表現する方法はいくつか考えられる．簡単なものとしては，各頂点の隣接頂点を**隣接リスト**とよばれるリストで管理する方法がある．別の方法では，i 番目の頂点と j 番目の頂点が隣接しているならば $A[i][j] = 1$，そうでな

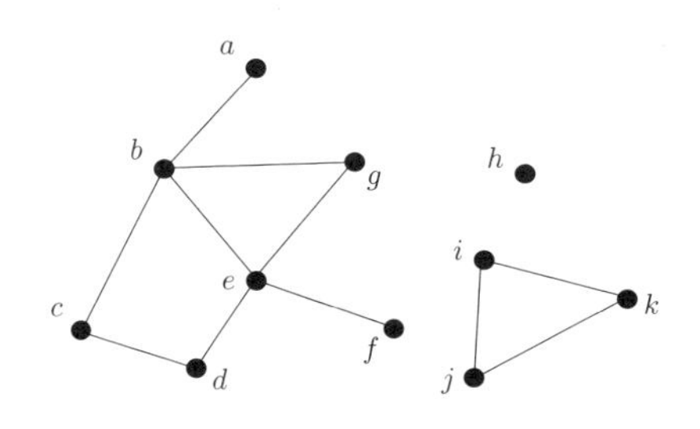

図 5.1　グラフの例．

*1　本書では原則として，グラフを扱うときには頂点，辺という用語を用い，木を扱うときには節点，枝という用語を用いることとする．

ければ $A[i][j]=0$ とする $|V|\times|V|$ の**隣接行列**とよばれる行列 $A[1..n][1..n]$ を用いる方法もある．グラフに辺があまり多くない場合には前者が，多い場合には後者がメモリ効率上有利である．なお，グラフの辺が少ない場合グラフは**疎**であるといい，辺が多い場合グラフは**密**であるという．一般的には，頂点数が n であるときに辺数が $O(n)$ ならば疎，$\Theta(n^2)$ ならば密ということが多い．

各辺に向きを与えたグラフを**有向グラフ**とよぶ．逆に辺に向きが与えられていないグラフを区別する場合は**無向グラフ**とよぶ．有向グラフでは，頂点 v から頂点 w への有向辺を (v,w)，頂点 w から頂点 v への有向辺を (w,v) と書き区別する．無向グラフではこの二つの表記は区別しない．通常の無向グラフでは 2 頂点間の辺は一つしか許さない．一方，通常の有向グラフでは，2 頂点間の同じ向きの辺は一つしか許さない．また，通常のグラフでは頂点 v とその頂点自身との間の辺 (v,v) の存在は許さない．なお，辺に長さ，重み，あるいは容量などとよばれる数値を付与した有向グラフを**ネットワーク**とよぶことがある．

ある頂点に接続する辺の数，すなわち隣接する頂点の数をその頂点の**次数**とよぶ．たとえば図 5.1 の頂点 b の次数は 4 である．有向グラフの場合には，ある頂点に接続している辺のうちその頂点に向いている辺の数をその頂点の**入次数**，その頂点から出て他の頂点へ向いている辺の数を**出次数**とよぶ．グラフ $G=(V,E)$ の**部分グラフ**とは，V の部分集合 $V'\subseteq V$ と辺 E の部分集合 $E'\subseteq E\cap V'^2$（すなわち E' 中の辺 $e\in E'$ は V' 中の 2 頂点を端点とする）で構成されるグラフ $G'=(V',E')$ のことである．E' が，E の辺のうち，V' 中の頂点を両端点とする辺すべての集合であるとき，すなわち $E'=E\cap V'^2$ のとき，G' は V' による**誘導部分グラフ**とよぶ．$G=(V,E)$ に対し，辺のみをいくつか削除して得られる部分グラフ $G=(V,E')$（$E'\subseteq E$）は**全域部分グラフ**とよばれる．

グラフ上の**パス**とは

$$G'=(\{v_1,v_2,\ldots,v_k\},\{(v_1,v_2),(v_2,v_3),\ldots,(v_{k-1},v_k)\}) \tag{5.1}$$

と表すことができるグラフ，すなわち，ある頂点 v_1 から辺を辿りながら頂点 v_k まで到達した際に通った頂点と辺の集合から構成されるグラフのことをいう．なお，パス中には同じ頂点，辺が複数回現れてもよい．このとき v_1 はこのパスの**始点**，v_k は**終点**とよばれる．有向グラフにおいては，パス上の辺はすべて同じ向きであるものとする．なお，有向グラフ上のパスを**有向パス**，無向グラフ上のパスを**無向パス**とよび分けることがある．

グラフ上の任意の2頂点間についてパスがあるとき，そのグラフは**連結**であるといい，そうでなければ**非連結**であるという．図5.1のグラフは非連結グラフである．有向グラフにおいて，任意の頂点から別の任意の頂点への有向パスがあるならば，そのグラフは**強連結**であるという．連結グラフ $G=(V,E)$ の部分頂点集合 $U \subseteq V$ を考えたときに G の $V-U$ による誘導グラフが非連結であったならば，U は G を**分離**するという．

無向グラフにおいて，始点と終点が同一頂点で，同じ頂点を通らず，含まれる辺数が3以上であるパスを**閉路**とよぶ．前章で扱った木は，閉路のない連結グラフと定義できる．森は閉路のないグラフである．木となっている（すなわち閉路のない連結な）全域部分グラフは**全域木**とよばれる．有向グラフにおいては，始点と終点が同一頂点である有向パスを**有向閉路**とよぶ．ただし，有向グラフにおいて閉路といえば通常は有向閉路のことである．

グラフ $G=(V,E)$ の頂点集合 V を S と $V-S$ の二つの部分集合に分けることをグラフの**カット**とよび，$(S,V-S)$ と表記する．カット $(S,V-S)$ を横切る辺とは，$u \in S, v \in V-S$ を満たす辺 (u,v) のことをいう．カットを横切る辺の総数をそのカットの大きさという．

5.2　深さ優先探索と幅優先探索

4.2節において，木の走査の方法として深さ優先探索と幅優先探索を紹介したが，これらは少しの変更を加えるだけで，グラフ上の走査，すなわちグラフ上で頂点を辿って行くことに用いることができる（図5.2, 5.3）．木との違いは，辿って行く際にすでに訪問したことのある頂点に再び遭遇する可能性があることで，グラフでの探索の場合にはそのような頂点は無視する．また，グラフの場合は，ある頂点から探索しても全頂点を探索できるとは限らない．なお，これらのアルゴリズムは有向グラフでも無向グラフでも用いることができる．

どちらのアルゴリズムを用いても，任意の頂点 v を始点として，v からのパスが存在するような頂点 w のすべてを辿ることができる．連結な無向グラフや強連結な有向グラフでは，どちらのアルゴリズムでも，どの頂点を始点としてもすべての頂点を辿ることができる．いずれのアルゴリズムの計算量も，頂点数を n，辺数を m として $O(n+m)$ である．ただし，必要なメモリ量は木の場合と同様に深さ優先探索の方が幅優先探索よりも優れている．

```
1  graph_DFS(頂点 v) {
2    v を訪問;
3    for (v のすべての未訪問の隣接頂点 w) { graph_DFS(w); }
4  }
```

図 5.2　グラフでの深さ優先探索．v が始点である．有向グラフの場合，「v の隣接頂点」を「v から出ていく辺の反対側の端点」と読み替えればよい．木の深さ優先探索（図 4.3）とほとんど違いはない．

```
 1  graph_BFS(頂点 v) {
 2    リスト vertices_to_visit ← {v};
 3    while (vertices_to_visit が空でない) {
 4      vertices_to_visit のすべての頂点を訪問;
 5      リスト parents に vertices_to_visit の全頂点をコピー;
 6      vertices_to_visit を空にする;
 7      for (parents 中のすべての頂点 w) {
 8        w の隣接頂点のうち，未訪問，かつ vertices_to_visit に含まれて
            いない頂点を，vertices_to_visit の末尾にすべて追加;
 9      }
10  }
```

図 5.3　グラフの幅優先探索．v が始点である．有向グラフの場合，「v の隣接頂点」を「v から出ていく辺の反対側の端点」と読み替えればよい．木の幅優先探索（図 4.4）とやはりほとんど違いはない．

5.3　最　短　路

グラフにおいて，各辺に長さ（あるいは重み，ということもある）が与えられているものとする．このとき，頂点 s から頂点 t へのパス上の辺の長さの和をそのパスの長さといい，頂点 s から頂点 t への最も短いパスを s から t への**最短路**とよぶ．この節では，この最短路を求めるアルゴリズムについて紹介する．

5.3.1　Dijkstra 法

この節では，最も基本的な最短路アルゴリズムである **Dijkstra（ダイクストラ）法**を紹介する．Dijkstra 法は，辺長がすべて非負である場合に用いることができるアルゴリズムである．

辺の長さがすべて 1 である場合には，5.2 節の幅優先探索を用いて始点 s から到達可能なすべての頂点への最短路を求めることができる．図 5.3 のアルゴリズムでは，始点 s からの探索を行うにあたって，到達するべき点の集合 ($vertices\_to\_visit$) を管理しながら，それを更新することで探索を進めていた．図 5.3 の擬似コードの 4 行目から始まる while 文が k 回目に呼ばれたときに $verticies\_to\_visit$ に入れられる頂点は，始点から k 本の辺を辿ることによって到達できるが，それよりも少ない本数の辺では到達できない頂点の集合である．したがって，8 行目で次の頂点を加える際にどの頂点の隣接頂点だったかを記憶しておき，後で終点 t から逆にそれを辿って行けば，始点 s から終点 t への最短路を得ることができる．

Dijkstra 法は，幅優先探索で管理していた「まだ到達していない頂点の中で s から到達する際の辺数が最小の頂点の集合」の代わりに「まだ到達していない頂点の中で，s から到達する際のパス長が最小の頂点を必ず含む集合」を管理し，その中の最小のパス長で行くことの可能な頂点をその集合から取り出しつつ更新するように変更を加えたアルゴリズム（図 5.4）で，それによって，辺の長さが 1 ではない場合でも最短路を求めることができるようになっている．ただし，負長の辺があったりすると，新たにその辺を通るだけでパス長が短くなり，そのような集合管理が難しくなるため，Dijkstra 法は辺長がすべて非負であることを想定している．

図 5.4 の擬似コード中においては，アルゴリズム実行中のどの時点においても，すでに訪問された（すなわち $visited[p] = \mathrm{yes}$ である）すべての頂点 p に対して，s から p までの正しい最短路長が $D[p]$ に格納されている．これは，5 行目の時点で，$D[w]$ よりも小さいパス長で到達できる頂点 q はすべてすでに訪問されていることが保証されているためである．ただし，グラフが負長の辺を持っている場合にはそのような保証はない．そのため Dijkstra 法を負長の辺を持つグラフに適用しても最短路が得られるとは限らない．$previous[x]$ には，s から x への最短路長を実現するためパスの最後の辺が格納されるようになっている．このため，このアルゴリズムを実行後，t から $previous$ に格納された頂点を辿って行くと，最短路上の頂点を終点側から順に列挙することができる．この $previous$ に格納された頂点を順々に辿って行くことを**バックトラック**とよぶ．

Dijkstra 法は，t だけではなく，探索中に最短路を確定した（$visited[w] = \mathrm{yes}$ とした）頂点 w すべてに対する最短路を求めている．したがって，図 5.4 のコードの 6 行目を削除するだけで，s から到達可能なすべての頂点への最短路長を求めることができる．このとき，s から到達可能などの頂点からでも $previous$ を辿っ

```
1   Dijkstra(始点 s, 終点 t) {
2     for (すべての頂点 v) { D[v] ← +∞, visited[v] ← no, previous[v] ← nil; }
3     集合 S ← {s}, D[s] ← 0;      //初期化
4     while (S が空でない) {
5       w ← S の中で D[w]（s からのパス長）が最も小さい頂点 w;
6       if (w = t) { D[w] を返し，終了; }  //探索終了
7       S から w を削除;
8       visited[w] ← yes;  //w までの最短路が確定．w は訪問済みとする．
9       for (すべての w の未訪問の隣接頂点 x) {
10        new_dist ← D[w] + d(w, x);  // d(w, x) は (w, x) の辺長
11        if (D[x] > new_dist) {
12          D[x] ← new_dist, previous[x] ← w;
13          x が S に入っていなければ x を S に加える;
14        }
15      }
16    }
17    +∞ を返し，終了;  //探索失敗
18  }
```

図 5.4　Dijkstra 法．最短路長を返す．t が s から到達不可能ならば $+\infty$ を返す．なお，有向グラフでは，9 行目の「w の未訪問の隣接頂点 x」を「w から出ていく辺の反対側の端点」と読み替えればよい．S は優先順位キューで管理すると $D[w]$ が最小である w を効率的に見つけることができる．

て行けば必ず s に行き着くため，$(previous[u], u)$ からなる辺の集合は s を根とする木を構成する．この木を始点 s からの**最短路木**とよぶ．グラフの全頂点が s から到達可能であれば，最短路木は全域木となる．なお，Dijkstra 法は，始点ではなく終点から探索を行うことも可能である．その場合に得られる最短路からなる木の部分グラフは終点 t への最短路木とよばれる．

Dijkstra 法では，最短路がまだ確定していない隣接頂点の集合（図 5.4 の擬似コード中の集合 S）から s からのパス長が最も小さい頂点を探し出す必要がある．それには優先順位キューを用いるとよい．しかし，どのような優先順位キューを用いるかで全体の計算量は異なってくる．頂点数を n，辺数を m として，二分ヒープを用いれば計算量は $O(m \log n)$ となるが，Fibonacci ヒープを用いれば計算量を $O(m + n \log n)$ とすることができる．ただし，疎なグラフで $m = O(n)$ といえるならば両者の計算量には違いはない．また，データ構造としては Fibonacci ヒープよりも二分ヒープの方がはるかに単純であることもあり，実際の実装では二分ヒープの方が高速であることも多い．したがって，どのようなヒープを用いるか

は実際のグラフに応じて十分吟味する必要がある．

5.3.2 Bellman–Ford 法

グラフのすべての辺の長さが1であれば，始点からの辺の数が少ないものから順に頂点を探索する5.2節の幅優先探索を用いて最短路を求められることはすでに説明した．**Bellman–Ford**（ベルマン–フォード）**法**は，この幅優先探索の思想を少し拡張し，負長の辺を持つグラフの上でも最短路を求めることができるようにしたアルゴリズムである．ただし，負長の閉路があるとすると，その閉路を何度も通過するだけでパス長が減少してしまうため最短路を求める意味がない．そのため負長の閉路は存在しないものと仮定する．この仮定に基づけば，最短路が閉路を含むとしてもその閉路長は0であり，その閉路を除いてもやはりパス長は変わらない．したがって必ず閉路を持たない最短路が存在する．グラフの頂点数を n として，そのような最短路中に含まれる頂点数と辺数はそれぞれ高々n, $n-1$ である．

Bellman–Ford 法は，パス中の辺数が k 本以下という制限を持つ最短路の計算を，k を1から $n-1$ まで1ずつ増やしていくことにより最短路を計算する（図5.5）．幅優先探索でも始点からの辺の数が k のものを探索し，その次に $k+1$ のものを探索するということを行っていた．幅優先探索では，一度訪問した頂点は再度別のパスで訪問することを許さない．辺長1ならば，別のパスで訪問したとしてもそのようなパスはより長く，最短路となりえない．しかし，辺長が任意である場

```
 1  Bellman_Ford(始点 s) {
 2    for (すべての頂点 v) { D[v] ← +∞, previous[v] ← nil; }
 3    D[v] ← 0;          //初期化
 4    for (i = 1 から n − 1 まで) {              // n − 1 回繰り返す
 5      for (すべての辺 e = (u, v)) {
 6        if (D[v] > D[u] + d(u, v)) {   // d(u, v) は (u, v) の辺長
 7          D[v] ← D[u] + d(u, v);
 8          previous[v] ← u;
 9        }
10      }
11    }
12  }
```

図 5.5 Bellman–Ford 法．幅優先探索を頂点の再訪問を許すように改変したアルゴリズムと見ることもできる．

合には，当然辺の数が多いパスで訪問した際に，それがその頂点へのより短いパスである可能性があるため無視できない．Bellman–Ford 法は，幅優先探索を頂点の再訪問を許すように改変し，繰り返し回数を頂点数 -1 までに制限したものと見ることができる．なお，幅優先探索では，始点から k 本の辺を辿って行くことが可能な頂点の集合のみを管理していたが，Bellman–Ford 法ではその代わりに，全頂点に関して始点からそれぞれの頂点へ k 本以下の辺を辿って行くことが可能なパスのうちで最短のパス長を計算している．この際，到達できない頂点の最短路長は $+\infty$ とおく．このようにすることで，多少複雑な集合の管理をせずに済み，全体のアルゴリズムは非常に単純な計算の繰り返しとなる．Bellman–Ford 法の計算量はグラフの頂点数を n，辺数を m として $O(mn)$ である．

Bellman–Ford 法も，幅優先探索や Dijkstra 法と同様に図 5.5 の $previous[v]$ を終点から辿って行くバックトラックを行えば，最短路そのものを得ることが可能である．

Bellman–Ford 法は，問題を多数のほぼ同じ小さな部分問題（擬似コードの 6 行目から 9 行目）に分割し，すでに解いた部分問題の結果（それまでの $D[v]$ の値）を用いながら次の部分問題を解いている．そして，途中の部分問題を解いた時点では全体の問題を解くことはできていないにもかかわらず，最終的には全体の最適解に辿り着いている．一般的にそのようなアルゴリズムのことを**動的計画法**とよぶ．動的計画法一般については 7.2 節で取り上げる．

5.3.3 Floyd–Warshall 法

Dijkstra 法や Bellman–Ford 法は 1 点から他の全頂点への最短路を求めるアルゴリズムである．これを全頂点について繰り返し行えば全頂点間の最短路長を求めることが可能である．n 頂点，m 辺の辺長が非負のグラフ上ならば，Fibonacci ヒープを用いた Dijkstra 法によって $O(mn+n^2\log n)$ で計算可能である．負の閉路は許さないが負の辺長を許すグラフ上では，Bellman–Ford 法を用いれば，$O(mn^2)$ で計算可能である．

これに対し，**Floyd–Warshall**（フロイド–ワーシャル）**法**[*2]は，負の閉路は許

*2 このアルゴリズムは Roy, Floyd, Warshall がそれぞれ 1959 年，1962 年，1962 年に独立に提案したもので，Roy–Warshall 法，Roy–Floyd 法，Floyd 法，Warshall–Floyd 法など，他の名前でよばれることもある．

さないが負の辺長を許すグラフ上で全頂点間最短路長を計算を $O(n^3)$ で計算できる，動的計画法に基づくアルゴリズムである．これは，Bellman–Ford 法を用いた場合よりも良い計算量であるだけでなく，これはグラフが密 $(m = O(n^2))$ であれば，辺が非負の場合にしか用いることのできない Dijkstra 法と同じ計算量をも達成している．

n 頂点からなるグラフ $G = (V, E)$ の頂点集合 $V = \{v_1, v_2, \ldots, v_n\}$ に対して，$V_k = \{v_1, v_2, \ldots, v_k\}$ $(1 \leq k \leq n)$ とおく．Floyd–Warshall 法は，パス上の s, t 以外の頂点がすべて V_k に含まれるパスのうち最短のパスのパス長 $d(s,t,k)$（そのようなパスが存在しない場合は $+\infty$ とする）を全頂点間において管理し，k を 1 ずつ増やしながら計算を行う．$d(s,t,0)$ は辺 (s,t) があればその辺長，なければ $+\infty$ で，$k > 0$ のときの各 $d(s,t,k)$ の値は，

$$d(s,t,k+1) = \min\{d(s,t,k), d(s,v_{k+1},k) + d(v_{k+1},t,k)\} \tag{5.2}$$

と k を 1 ずつ増やしながら計算することができる．そして，$d(s,t,n)$ が求める最短路長となる．一つの k に対し，$O(n^2)$ あるすべての頂点間の組み合わせについて $O(1)$ の計算をするため，全体の計算量は $O(n^3)$ となる．

なお，Floyd–Warshall 法を用いれば，全頂点間最短路長の計算をするのと同時に，負閉路が存在するかどうかも判定することができる．そのためには，初期値として，すべての i について $d(v_i, v_i, 0)$ を 0 としておく．もし，計算終了時にすべての i に関して $d(v_i, v_i, n) = 0$ であれば負閉路は存在しない．逆に，もし $d(v_i, v_i, n) < 0$ となる i が存在すれば，グラフ中に負閉路が存在することがわかる．

5.3.4　Johnson アルゴリズム

本節では，さらにグラフが連結（有向グラフならば強連結）であるときに，負長の辺があっても（ただし負の閉路は含まないとする），Dijkstra 法と同じ $O(mn + n^2 \log n)$ という計算量で全頂点間最短路を計算することのできる **Johnson**（ジョンソン）**アルゴリズム**を紹介する．Johnson アルゴリズムは，Bellman–Ford 法で他の頂点すべてへの最短路を任意の一つの始点からのみ求めておきさえすれば，その後の計算は少し工夫をするだけで通常の Dijkstra 法を用いることができることを利用したアルゴリズムである．

最初の 1 回の Bellman–Ford 法では任意に選んだ始点 w から他のすべての頂点

x への最短距離 $h(x)$ が計算される．このとき，辺 (u,v) の辺長を $d(u,v)$ と表すとして，もし $h(v)$ が $h(u)+d(u,v)$ より長いとすると，w から v への最短路長 $h(v)$ より w から u への最短路を経由して v に到達したパスの方が短くなってしまい矛盾が生じる．したがって，

$$d'(u,v) = d(u,v) + h(u) - h(v) \tag{5.3}$$

とおくと，

$$d'(u,v) \geq 0 \tag{5.4}$$

が成り立つ．

グラフ G のすべての辺 (u,v) について辺長を $d'(u,v)$ に置き換えたグラフ G' を考え，G および G' 上において頂点は同一な任意のパス $v_1, v_2, v_3, \ldots, v_k$ を考える．すると，このパスの G 上でのパス長は $\sum_i^{k-1} d(v_i, v_{i+1})$ であるのに対し，G' 上でのパス長は

$$\sum_i^{k-1} d'(v_i, v_{i+1}) = h(v_1) - h(v_k) + \sum_i^{k-1} d(v_i, v_{i+1}) \tag{5.5}$$

となる．すなわち，v_1 と v_k の間のどのようなパスに関しても，そのパス長は G と G' とで常に $h(v_1) - h(v_k)$ しか異ならない．これは，G 上の最短路と G' 上の最短路が必ず一致することを意味する．しかも G' は負長の辺を持たないため，Dijkstra 法を用いて最短路を計算することが可能である．

したがって，最初に Bellman–Ford 法を計算した始点を除く全頂点から G' 上で Dijkstra 法の計算を繰り返し行えば，辺長が負のものがあっても全頂点間の最短路長を計算することができ，その計算量は $O(mn + n^2 \log n)$ である．これを Johnson アルゴリズムという．

5.3.5　A*アルゴリズム

もしある節点から終点への最短路長がある程度予測できるならば，Dijkstra 法を高速化できる場合がある．この節で説明する **A*アルゴリズム**は，それを可能にする方法である．なお，A*は A star と発音する．

Dijkstra 法と同様，辺長が非負であるグラフ $G=(V,E)$ で始点 s から終点 t への最短路を求めることを考える．ただし，簡単のため，G のすべての頂点が始点

から到達可能，かつ終点へ到達可能であるものとする[*3]．このとき，すべての頂点 v について v から終点 t への最短路長の何らかの評価値 $h_t(v)$ を容易に計算できるものとする．Dijkstra 法では，始点 s から初めて，s からの最短路長の短い頂点から順番に探索していた．A*アルゴリズムでは，その代わりに s からその頂点を通り終点 t へ行く最短路長の予測値が小さい頂点から順番に探索する（図 5.6）．その際，予測値はその頂点 v までの最短路長に v から t までの最短路長の何らかの評価値 $h_t(v)$ を足したものを用いる．

ただ，このアルゴリズムによって最短路を正確に求めるためには，終点までの最短路長の評価値 $h_t(v)$ に何らかの条件がもちろん必要である．この A*アルゴリズムでは，$d(x, y)$ を辺 x, y の辺長として，すべての辺 $(u, v) \in E$ について

```
1  A_star(始点 s, 終点 t) {
2    for (すべての頂点 v) { D[v] ← +∞, visited[v] ← no, previous[v] ← nil; }
3    集合 S ← {s}, D[s] ← 0;      //初期化
4    while (S が空でない) {
5      w ← S の中で D[w] + h_t(w)（w を通る最短路長の予測値）が最も小さい頂点 w;
6      if (w = t) { D[w] を返し，終了; }  //探索終了
7      S から w を削除;
8      visited[w] ← yes;  //w までの最短路が確定．w は訪問済みとする．
9      for (すべての w の未訪問の隣接頂点 x）{
10       new_dist ← D[w] + d(w, x);  // d(w, x) は (w, x) の辺長
11       if (D[x] > new_dist) {
12         D[x] ← new_dist, previous[x] ← w;
13         x が S に入っていなければ x を S に加える;
14       }
15     }
16   }
17   +∞ を返し，終了;  //探索失敗
18 }
```

図 5.6 式 (5.6) を満たす評価値を用いた A*アルゴリズム．図 5.4 の Dijkstra 法と異なるのは，5 行目のみであり，理論計算量も Dijkstra 法と同じである．Dijkstra 法では始点からの最短路長をキーにヒープを作成し，それが最小の頂点を順番に見つけていたが，A*アルゴリズムでは，その代わりにその点を通る終点–終点間の最短路長の予測値が最小の頂点を順番に見つけていく．

*3 なお，この仮定は評価値に関する議論を容易にするためのものである．この仮定をせずとも，図 5.6 のアルゴリズムは最短路が存在するならばそれを求めることができる．

$$h_t(u) \leq d(u,v) + h_t(v) \tag{5.6}$$

であれば，最短路が得られることが知られている．この式は，u からの最短路長の評価値が寄り道をした場合の評価値の値以下となっているという三角不等式的な意味合いを持つ式であるが，5.3.4 節で紹介した Johnson アルゴリズムの最適性の証明とも似ている以下のような証明によって，その最適性を説明することができる．

すべての辺 $(u,v) \in E$ についてその辺長を $d(u,v)$ から $d(u,v) - h_t(u) + h_t(v)$ に変換したグラフ $G' = (V, E')$ を考える．よく観察すると，図 5.6 のアルゴリズムは G' 上で Dijkstra 法を動かしているのと全く同じ動作を行っていることがわかる．一方，すべての s,t 間のパス長はどのような経路を辿っても，同じパスの G でのパス長と G' でのパス長の差は必ず $h_t(t) - h_t(s)$ で常に一定である．これはすなわち，辺長の変換前と変換後で最短路に変化がないことを示している．しかも，$h_t(u) \leq d(u,v) + h_t(v)$ という条件から，G' の各辺長は非負であるため，G' 上では Dijkstra 法を用いて最短路を求めることができる．よって，G' 上で Dijkstra 法を行えば，G 上の最短路と同じものが得られることがわかる．すなわち，図 5.6 のアルゴリズムから最短路を得られることがわかる．

この A*アルゴリズムの動作はグラフ G' 上での Dijkstra 法と同じであるから，この A*アルゴリズムの計算量は，G の頂点数を n，辺数を m として Dijkstra 法と同じく $O(m + n \log n)$ である．

なお，この変換したグラフ G' の辺長が非負であれば，もとのグラフ G の辺長で負のものがあってもこのアルゴリズムは最短路を得ることができる．実は，Johnson アルゴリズムはまさにそのような例である．$h(x)$ を任意に選んだ頂点 w からの Bellman–Ford 法で求めた最短路長として，Johnson アルゴリズムは，評価値が $h_t(v) = h(t) - h(v)$ である A*アルゴリズムと考えることができる．この評価値は上の式 (5.6) を満たす*4.

ところで，終点 t の評価値は，すでに t に到着しているという意味で

$$h_t(t) = 0 \tag{5.7}$$

とするのが理にかなっていそうである．一方，評価値が条件式 (5.6) を満たしているとき，すべて頂点の評価値から $h_t(t)$ を差し引くと，条件式 (5.6) に加えて

*4　さらに，この評価値は後述の式 (5.7)，式 (5.9) も満たす．

式 (5.7) を満たす評価値集合が得られる．したがって，評価値が式 (5.6) を満たすならば一般性を失うことなく $h_t(t) = 0$ としてよい．

ここで，$D(u, v)$ を 2 頂点 u, v 間の最短路長とし，$u, v_1, v_2, \ldots, v_k, t$ を u, t 間の最短路として $h_t(t) = 0$ だとすると，条件式 (5.6) から，

$$
\begin{aligned}
h_t(u) &\leq d(u, v_1) + h_t(v_1) \\
&\leq d(u, v_1) + d(v_1, v_2) + h_t(v_2) \\
&\vdots \\
&\leq D(u, t) + h_t(t) \\
&= D(u, t)
\end{aligned}
\tag{5.8}
$$

が得られ，次の式が成り立つ．

$$
h_t(u) \leq D(u, t). \tag{5.9}
$$

すなわち，評価値が条件式 (5.6) と式 (5.7) を満たすならば，$h_t(u)$ は必ず実際の u, t 間の最短路長以下の値をとることがわかる．

また，$h_t(v)$ は辺長が非負のグラフ上の最短路長 $D(v, t)$ の評価値であるから，すべての点 $v \in V$ について，

$$
h_t(v) \geq 0 \tag{5.10}
$$

とするのも理にかなっている．もし評価値が式 (5.6) に加え式 (5.7)（と当然に式 (5.9)）と式 (5.10) を満たし，$D(s, v) = D(s, t)$ となる v が t 以外に存在しないならば，A*アルゴリズムで訪問した頂点集合は必ず Dijkstra 法で訪問した頂点集合の完全な部分集合となることが知られている．これは，適切かつ効率的に計算できる評価値を設定することができれば，A*アルゴリズムが Dijkstra 法よりも速くなる可能性が高いことを示している．また，A*アルゴリズムで用いる評価値が，実際の最短路長に近ければ近いほど，探索頂点数が少なくなることも知られている．したがって，いかに良い評価値の設計を行うかが，A*アルゴリズムの性能を左右する．

A*アルゴリズムの評価値の例としては，地図上に描かれた道路ネットワークで Euclid 距離を評価値として用いる例が挙げられる．地図のように，グラフの各頂点が Euclid 空間上におかれ，辺長がその頂点を結ぶ線（曲線でもよい）の実際の長さとなっているグラフに対して，頂点座標と終点座標間の Euclid 距離は式

(5.6)，式 (5.7)，式 (5.9)，式 (5.10) のすべての式を満たす評価値として用いることができる．

また，A*アルゴリズムの別のバリエーションとして，式 (5.9)，式 (5.10) は満たすが，条件式 (5.6) は満たさない評価値を用いるアルゴリズムもあり，これもA*アルゴリズムとよばれている*5．ただし，この場合，図 5.6 のアルゴリズムのままでは正しい最短路を求めることはできない．正しい最短路を求めるためには，図 5.6 の 9 行目において while 文の条件を「w のすべての未訪問の隣接頂点 x」としていたのを「w のすべての隣接頂点 x」と改変する必要がある（図 5.7）．この改変された A*アルゴリズムは，同じ頂点を何度も訪問する可能性があるために最悪計算量を多項式時間で抑えることができない．このアルゴリズムは評価値の設計次第で実用的には Dijkstra 法よりも高速になる可能性はあるが，実際の適用には細心の注意が必要である．

最短路とは限らないがそれに近いパスを準最短路という．より高速にパスを求

```
1   A_star(始点 s, 終点 t) {
2     for (すべての頂点 v) { D[v] ← +∞, previous[v] ← nil; }
3     集合 S ← {s}, D[s] ← 0;      //初期化
4     while (S が空でない) {
5       w ← S の中で D[w] + h_t(w)（w を通る最短路長の予測値）が最も小さい頂点 w;
6       if (w = t) { D[w] を返し，終了; }   //探索終了
7       S から w を削除;
8       for (w のすべての隣接頂点 x) {
9         new_dist ← D[w] + d(w, x);   // d(w, x) は (w, x) の辺長
10        if (D[x] > new_dist) {
11          D[x] ← new_dist, previous[x] ← w;
12          x が S に入っていなければ x を S に加える;
15        }
16      }
17    }
18    +∞ を返し，終了;   //探索失敗
19  }
```

図 5.7　式 (5.9)，式 (5.10) を満たす評価値を用いた A*アルゴリズム．最短路を求めることは可能だが，最悪計算量は指数時間である．図 5.6 のアルゴリズムとの本質的な違いは，図 5.6 のアルゴリズムの 8–9 行目に相当する 8 行目のみである．

*5　なお，式 (5.9)，式 (5.10) が満たされるならば，式 (5.7) も満たされる．

めることを目的として，A*アルゴリズムの評価値の条件を満たさない値を評価値として用いて最短路とは限らない準最短路でも構わず出力することも考えられる．そのようなヒューリスティックアルゴリズムは A アルゴリズムとよばれる．

5.3.6　トポロジカルソート

有向閉路のない有向グラフを**無閉路有向グラフ**あるいは**DAG** (directed acyclic graph) とよぶ．DAG 上の最短路は，**トポロジカルソート**とよばれる手法を用いて，辺長の正負にかかわらず辺数を n，頂点数を m として $O(n+m)$ で最短路を求めることができる．

トポロジカルソートとは，グラフ G 中の全頂点をすべての有向辺 (v_i, v_j) が $i<j$ を満たすように $v_1, v_2, \ldots, v_n$ と並べ替えることをいう．そのような並べ替えは多くの場合一意ではないが，以下のようにしてこれを満たす並べ替えの一つを求めることができる．まず始点とする頂点 s を任意に選び s から深さ優先探索で探索を行う．すると，頂点順を先に探索した辺を左の子だと考えて木として考えたときの帰りがけ順を逆にした順序は，始点 s から到達可能な頂点集合 $V(s)$ のトポロジカルソートとなっている．これは，この順序で並べた際に，ある頂点からその祖先である頂点への有向辺がもしあれば閉路があることになり矛盾し，また，ある頂点の二つの子について，より左側の子（すなわち先に探索した子）の子孫の頂点からより右側の子（すなわち後に探索した子）の子孫の頂点への有向辺も存在しないためである．

トポロジカルソートにおいては，s から到達不可能な頂点はすべて，$V(s)$ を s からの深さ優先探索でトポロジカルソートしたものの前に置くことができる．したがって，グラフ G 全体をトポロジカルソートするには，まだトポロジカルソートされていない頂点集合 $V-V(s)$ によって誘導される部分グラフに対し再び同じことを行い，得られた頂点リストの後ろにそれまでに得られている頂点リストをつなげるということを再帰的に繰り返せばよい（図 5.8）．DAG であれば，トポロジカルソートが必ず可能である．こうして，n 頂点，m 辺の DAG のトポロジカルソートは $O(n+m)$ で計算できる．

DAG 上で頂点 s からの最短路を求める際には，まずこのトポロジカルソートを行う．ただし，グラフ全体をトポロジカルソートする必要はなく，始点 s から到達可能な頂点のみに関してトポロジカルソートを行えばよい．すなわち，s を始点

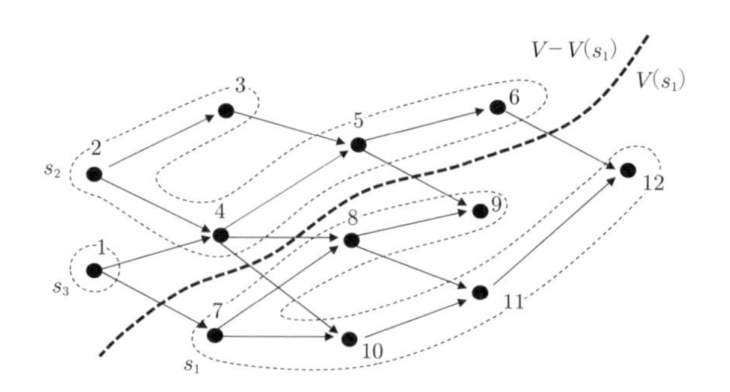

図 5.8　トポロジカルソート．トポロジカルソートでは，まず頂点 s_1 を任意に選ぶ．s_1 から到達可能な頂点集合 $V(s_1)$ 内の順序は s_1 からの深さ優先探索の帰りがけ順の逆順とすればよい．このとき数字の大きい添え字の頂点から小さい添え字の頂点への有向辺は存在しない．また，そこで探索された頂点集合 $V(s_1)$ 内の頂点からそれ以外の頂点集合 $V-V(S_1)$ 内の頂点への有向辺は存在しない．この図は，s_1 からの深さ優先探索の後，まだ探索されていない頂点から任意に選んだ頂点 s_2，さらに s_2 からの探索でも到達できなかった頂点から任意に選んだ s_3 からまだ未探索の頂点に対して，それぞれ深さ優先探索を行った場合に得られるトポロジカルソートの結果である．

とした深さ優先探索を行い，その帰りがけ順の逆順に並べた頂点 $s, v_1, v_2, \ldots, v_k$ を考える．なお，終点 t が指定されているのであれば，この頂点リストのうち t よりも後ろにおかれた頂点は削除してよい．

s から $v_1, v_2, \ldots, v_i$ までのそれぞれの最短路をすでに計算していたとする．すると，v_{i+1} までの最短路は $s, v_1, \ldots, v_i$ までのいずれかの最短路（s までの最短路とは，s そのもののことをいうものとする）に v_{i+1} への有向辺を加えたもののいずれかであり，その中の最小のものを選べば v_{i+1} までの最短路を求めることができる（図 5.9）．この計算は v_{i+1} の入次数を d とおくと $O(d)$ で可能である．これは，s から v_k への最短路が動的計画法を用いて $O(n+m)$ で求められることを意味している．

5.4　最小全域木

連結なグラフには必ず全域木が存在する．グラフの辺に長さが与えられているときに，含まれる辺の長さの和が最小である全域木を**最小全域木**とよぶ．この節では最小全域木を求めるアルゴリズムを紹介する．

```
 1  shortest_path_on_DAG(始点 s) {
 2    S ← s を始点にトポロジカルソートした頂点リスト;
                  //S = [s, v_1, v_2, ..., v_k] とする.
 3    for (すべての頂点 w ∈ S) { D(w) ← +∞; prev(w) ← nil; }
 4    D(s) ← 0;
 5    for (i = 1 から k まで) {
 6      for (u ∈ S であるすべての有向辺 (u, v_i)) {
 7        if (D(v_i) > D(u) + d(u, v_i)){
 8          D(v_i) ← D(u) + d(u, v_i);
 9          prev(v_i) ← u;
10        }
11      }
12    }
13  }
```

図 5.9 トポロジカルソートと動的計画法を用いた DAG 上の最短路計算．線形時間での計算が可能である．

5.4.1 Kruskal 法

Kruskal（クラスカル）**法**は最小全域木の次の性質を用いて，最小全域木を計算する．

定理 5.1 グラフ $G = (V, E)$ の任意の閉路 C を考え，C に含まれる辺の中で辺長が最大の辺（の一つ）を e とする．このとき，e を含まない G の最小全域木が必ず存在する．

(証明) e を含む最小全域木 T が存在するとする．T から e を取り除くと二つの部分木 T_1 と T_2 に分割される．このとき，C は閉路であるから，e 以外に T_1 中の頂点と T_2 中の頂点を結ぶ辺 e' を必ず持つ．一方，T_1, T_2 に辺 e' を加えてできる木 T' も全域木であるが，e は C 中で辺長が最大の辺であることから e' の辺長が e より大きいことはないため，T' 中の辺長の和は T のそれよりも大きいことはない．この場合，e を含まない全域木 T' も最小全域木である．よって，e を含まない最小全域木が必ず存在する． ■

この定理は，いい方を変えると次のようにも表現できる．

系 5.1 グラフ $G = (V, E)$ の任意の閉路 C を考え，C に含まれる辺の中で辺長が最大の辺（の一つ）を e とする．G から e を削除して得られるグラフを G' とする．このとき，G' の最小全域木は G 上でも最小全域木である．

Kruskal 法は，まず，$G = (V, E)$ に対して，頂点のみから成り立っている部分グラフ $T = (V, \phi)$ を考え，T に辺を加えていって最小全域木を作成する．このとき，辺長の短いものから加えていく．ただ，もし T にある辺 e を加えようとしたときに閉路が生じるのであれば，それを加えると T が木とはならない．しかも，その e はその閉路の中で最大の辺長のものであるから，上の性質から e は用いなくても最小全域木は作成できるはずである．したがって，その e は T に加えない．これを繰り返していけば，最終的に得られる T は全域木となる（図 5.10）．しかも，T に加えなかった辺のすべてを G から削除しても最小全域木が得られることが保証されるから，T が最小全域木であることがいえる．

ここで，辺を加えたときに閉路が存在するかどうかをどう判定すればよいかが問題になる．このアルゴリズムをよく観察すると，閉路を判定しようとする直前の T は木の集合，すなわち森となっている．したがって閉路が生じるのは，加えようとする辺 (u, v) の両端点が，森 T を構成する木のうちで同一の木に含まれる場合である．この判定は，4.5 節で紹介したユニオン・ファインド木を用いれば，各ステップが $O(\log n)$ で可能である．すなわち，森 T を構成する木をそれぞれ頂点の部分集合，辺を加える操作をユニオン操作，閉路があるかどうかの判定をファインド操作だと考えればよい．すると，この計算は全体で $O(m \log m + m \log n) = O(m \log n)$ で計算できることがわかる．

このアルゴリズムでは，一見局所的とも思える基準（辺の長さ）をもとに，最小全域木に含まれると思われる辺の候補を見つけ次第，解とする最小全域木を構成する辺として「貪欲に」採用している．このような解法のことを一般的に**貪欲**

```
1  Kruskal(グラフ G = (V, E)) {
2    {e_1, e_2, ..., e_m} ← 短い順にソートされた E 中の辺のリスト;
3    部分グラフ T ← (V, φ);
4    for (i = 1 から m まで) {
5      もし T に e_i を加えても閉路が生じないならば，T に e_i を加える;
6    }
7  }
```

図 **5.10** Kruskal 法．最終的な T が求める最小全域木となる．

法とよぶ．なお，貪欲法については 7.1 節でも紹介する．

5.4.2 Prim 法

Prim（プリム）法は最小全域木の次の性質を用いて計算する．

定理 5.2 グラフ $G=(V,E)$ の任意のカット $(S,V-S)$ を考え，カット $(S,V-S)$ を横切る辺の中で辺長が最小の辺（の一つ）を e とする．このとき，e を含む G の最小全域木が必ず存在する．

(証明) 最小全域木 T が e を含まないとする．また，$e=(u,v)$ とする．このとき，u から v への T 上のパスには必ずカット $(S,V-S)$ を横切る辺が一つは存在する．これを e' とする．ここで，T から e' を取り除き，代わりに e を加えてできる部分グラフ T' もまた全域木である．e は $(S,V-S)$ を横切る辺のうち辺長が最小の辺であるから，T' 中の辺の辺長の和が T のそれを上回ることはない．したがって，e を含む T' も最小全域木である．よって，e を含む最小全域木が必ず存在する．■

これを少し拡張すると，次のような系を得ることができる．

系 5.2 グラフ $G=(V,E)$ のカット集合 $\{(S_1,V-S_1),(S_2,V-S_2),\ldots,(S_k,V-S_k)\}$ について，それぞれのカット $(S_i,V-S_i)$ を横切る辺の中で辺長が最小の辺（の一つ）e_i を考える．このとき，どの e_i も $j>i$ であるカット $(S_j,V-S_j)$ を横切らないならば，$e_1,e_2,\ldots,e_k$ すべてを含む G の最小全域木が必ず存在する．

$G=(V,E)$ 上において，Prim 法では，まず任意の一つの頂点 $s\in V$ からなる部分グラフ $T=(\{s\},\phi)$ から計算を開始する．T に含まれる頂点集合を S として，カット $(S,V-S)$ を横切る辺のうち辺長の最小の辺 (u,v) $(u\in S, v\in V-S)$ を T に加えることの繰り返しによって最終的に最小全域木を得る（図 5.11）．

このアルゴリズムではカットを少しずつ更新しながらそれを横切る辺のうち辺長の最小のものを選ぶ．これは，Dijkstra 法と同様にヒープを用いれば効率的にでき，Fibonacci ヒープを用いれば，Prim 法の計算は $O(m+n\log n)$ の計算時間で可能である．なお，二分ヒープを用いた場合は，Kruskal 法と同じ $O(m\log n)$ となる．この Prim 法も，最小全域木中の辺の候補を見つかり次第集めるという意味で，Kruskal 法と同様に貪欲法に分類されるアルゴリズムである．

```
1  Prim(グラフ G = (V, E)) {
2    T = (S, F) ← ({s}, φ) (s は V の任意の 1 頂点);
3    while (S ≠ V) {
4      (u, v) ← カット (S, V − S) を横切る辺のうち最小の辺; //u ∈ S, v ∈ V − S
5      S に v を追加し，F に (u, v) を追加する;
6    }
7  }
```

図 5.11　Prim 法．最終的な $T = (S, F)$ が求める最小全域木となる．

5.5 最　大　流

辺に正の数値が与えられた有向グラフ（すなわちネットワーク）$G = (V, E)$ を考える．このとき，辺が水道管であり，与えられた数値がその辺の向きに流せる水の**容量**を表しているとすると，ある頂点（始点）s からある頂点（終点）t までどの程度の水を流すことができるかという問題が考えられる．この問題は，次に定義する**最大流**を求める問題として定式化できる．

f をすべての辺 (u, v) に対する数値の割り当て関数とし，$f^{out}(u)$ を u から出ていくすべての辺の $f(u, v)$ の値の和，$f^{in}(u)$ を u に入ってくるすべての辺の $f(v, u)$ の値の和とする．このとき，次の条件を満たす関数 f を始点 s から終点 t への**フロー**とよぶ．

- $w(u, v)$ を辺 $(u, v) \in E$ の容量として，すべての辺 $(u, v) \in E$ に対して $0 \leq f(u, v) \leq w(u, v)$ が成り立つ．
- 2 頂点 s, t を除くすべての頂点 $v \in V - \{s, t\}$ について $f^{in}(v) = f^{out}(v)$ が成り立つ．
- $f^{in}(s) = f^{out}(t) = 0$.

$f(u, v)$ をフロー f における**辺 (u, v) の流量**とよぶ．このとき，

$$\sum_{v \in V} f^{in}(v) = \sum_{v \in V} f^{out}(v) \tag{5.11}$$

から

$$f^{out}(s) = f^{in}(t) \tag{5.12}$$

がいえる．この値を**フロー f の流量**とよび，以下では $net(f)$ と表すものとする．流量が最大となるフローが，求めたい**最大流**である．最大流を求める問題は**最大流問題**とよばれ，様々な応用を持つことが知られている[2]．

なお，最大流問題が解を持つかどうかは必ずしも自明とはいえないことに注意が必要である．辺への実数割り当ての集合を $H = \mathbb{R}^{|E|}$ とする．ここで重要な点は，上の条件を満たすフローすべてからなる集合 F が H 内の連結な有界閉領域であるということである．さらに，流量を求める関数 $net : F \to \mathbb{R}$ は F の全域において連続関数であることから，関数 net は最大値をとる，すなわち最大流が必ず存在することがいえる．

5.5.1 最大流・最小カット定理

この節では，最大流の性質としてグラフのカットとの関連について論じる．

ネットワーク $G = (V, E)$ 上の s から t へのフロー f を考える．このとき，次のような G に対するグラフ変換を考える．まず，$w(u, v) = f(u, v)$ ならば G から辺 (u, v) を削除し，そうでなければ辺 (u, v) の容量を $w(u, v) - f(u, v)$ とする．さらに，もし辺 (v, u) があるならば辺 (u, v) の容量を $w(v, u) + f(u, v)$ とし，もし辺 (v, u) がなく $f(u, v) \neq 0$ ならば，新たに容量 $f(u, v)$ を持つ辺 (v, u) を加える．こうして得られるグラフ G_f を G のフロー f に関する**残余グラフ**とよぶ（図 5.12）．なお，残余グラフの辺の容量はすべて正の値となる．すると，次のことがいえる．

補題 5.1 f が始点 s から終点 t への最大流ならば，残余グラフ G_f 上で s から t へのパスは存在しない．

(証明) f に関する残余グラフ G_f 上で s から t へのパス P が存在するとする．G_f 上の s から t のパス P 上で最小の容量を持つ辺を (u, v) とおくと，P に含まれる

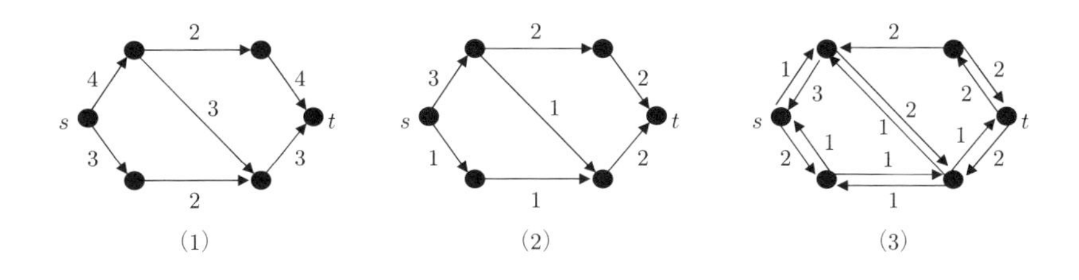

図 5.12 フローとその残余グラフ．(1) のグラフ上での (2) のフローの残余グラフは (3) のようになる．

辺すべての f の値に $w(u,v)$ を加えて得られる辺への値の割り当て f' もフローの条件を満たす．f' の流量は f の流量よりも $w(u,v)$ だけ大きい．これは f が最大流であることに矛盾する．よって，f が始点 s から終点 t への最大流ならば，残余グラフ G_f 上で s から t へのパスは存在しない． ■

また，G 上のカット $C=(S,V-S)$ に対し，S から $V-S$ へ横切る辺の容量の和

$$net(C) = \sum_{\substack{u \in S, v \in V-S, \\ (u,v) \in E}} w(u,v) \tag{5.13}$$

を**カット C の容量**とよぶ．

補題 5.2 始点 s から終点 t への最大流 f に対して，$s \in S$, $t \in V-S$ を満たすカット $C=(S,V-S)$ は，$net(C) \geq net(f)$ を満たす．

(証明) $net(C) < net(f)$ であれば，f はフローの定義を満たすことができない．したがって，必ず $net(C) \geq net(f)$ となる． ■

補題 5.3 始点 s から終点 t への最大流 f に対して，$s \in S$, $t \in V-S$, $net(C) = net(f)$ を満たすカット $C=(S,V-S)$ が存在する．

(証明) 残余グラフ G_f 上で，s から到達可能な頂点集合を S とする．このとき，補題 5.1 から $t \notin S$ である．$C=(S,V-S)$ に対し，もし $net(C) > net(f)$ であれば，G_f 上に S から $V-S$ へ向かう辺 (u,v) が必ず存在することになり，$v \in V-S$ が t から到達可能になってしまう．これは S の定義に矛盾する．一方，補題 5.2 より $net(C) \geq net(f)$ である．したがって，このように作成したカット C は $net(C) = net(f)$ を満たす． ■

補題 5.3 の証明中で用いたカットは，$s \in S$, $t \in V-S$ を満たすカット $C=(S,V-S)$ の中で最小の $net(C)$ の値を持つ．よって次の定理が得られる．

定理 5.3 (最大流・最小カット定理) $s \in S, t \in V-S$ を満たすカット $C=(S,V-S)$ の容量 $net(C)$ のとり得る最小値は，始点 s から終点 t へのフロー f の流量 $net(f)$ のとり得る最大値に等しい．

5.5.2 Ford–Fulkerson 法

前節で述べた残余グラフの性質を利用して，最大流を以下のようにして求めることができる．

グラフ G が何かしらのフロー f を持っているとする．もし f が最大流でなければ，これに対して残余グラフ G_f を計算すると，G_f 上に s から t へのパス P が存在する．f のうち P に属する辺の流量を，P 上の辺のうち残余グラフ G_f での容量が最小の辺の容量分だけ増加させても，フローの要件を満たす．しかも f の流量は増加する．すなわち，f が最大流でなければ f の流量を改善することが可能である．この操作は単純な深さ優先探索で可能であるため，グラフの頂点数を n，辺数を m として $O(n+m)$ で可能である．

初期解のフローとしては流量 0 のフロー，すなわち，すべての辺に 0 を割り当てるフローを考え，そのフローに対し上の改善を繰り返すことで最大流を計算するアルゴリズムを **Ford–Fulkerson**（フォード–ファルカーソン）**法**という．上の改善方法をフローに施すとフローの流量は必ず増加する．最大流のフローの流量は有限であるから，辺の容量がすべて正整数であれば，このアルゴリズムは必ず終了する．ただし，その繰り返し回数を n や m の多項式で抑えることはできない．また，辺の容量が無理数であれば終了するとは限らない．なお，Ford–Fulkerson 法の各ステップにおいて，任意のパスを選ぶのではなく，辺数が最小となるパスを選ぶようにすれば，辺の容量がたとえ無理数であったとしても繰り返し数を $O(nm)$ 回に抑えることができることが知られており，Edmonds–Karp（エドモンズ–カープ）アルゴリズムとよばれている．辺数が最小のパスは，5.3.1 節で述べたように幅優先探索を用いれば $O(n+m)$ で得ることができるため，その場合の全体の計算量は $O(nm^2)$ となる*6．

*6 これよりも良い計算量のアルゴリズムも存在する．それらのアルゴリズムや，最大流アルゴリズムのさらなる応用については[2]に詳しい．

6 文字列アルゴリズム

文字列はあらゆるデータの中でも最も基本的なデータであり，様々な場面においてそれを効率よく高速に処理することが求められる．この章では文字列を扱うアルゴリズムを紹介する．

6.1 文字列探索

二つの文字列 P, Q が全く同一な文字列であるとき，$P \equiv Q$ と表記するものとする．文字列 $T[1..n]$ 中の途中の文字列を切り取った文字列 $T[i..j]$ $(1 \leq i \leq j \leq n)$ を T の**部分文字列**とよぶ．なお，$T[1..i]$ のように T の先頭から始まる部分文字列を**接頭辞**，$T[j..n]$ のように T の末尾で終わる部分文字列を**接尾辞**とよぶ．文字列 $T[1..n]$（**テキスト文字列**とよぶ）に，別に与えられた文字列 $P[1..m]$（**パタン文字列**とよぶ）が部分文字列として含まれるかどうか（すなわち，$T[i..i+m-1] \equiv P[1..m]$ となる i があるかどうか），含まれるならばどこにあるか（すなわち，そのような i の値）を探し出すことを**文字列探索**という（図 6.1）．文字列探索は文字列を扱う場合に必要とされる最も基本的な操作である．テキスト文字列の部分文字列がパタン文字列と一致したとき，それらは**照合**あるいは**マッチ**したといい，また，テキスト文字列のその位置にパタン文字列が**出現**したともいう．この節では，この文字列探索のためのアルゴリズムをいくつか紹介する[*1]．

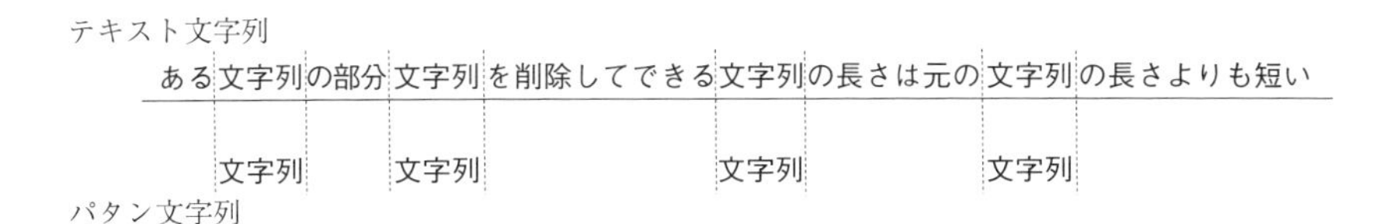

図 6.1　文字列探索．ここではテキスト文字列の中から，「**文字列**」というパタン文字列の出現を探し出している．問題の設定によっては，最初に見つかる文字列のみを探し出せばよいとすることもある．

*1　文字列探索のアルゴリズムについては[9]に詳しい．

6.1.1　単純な文字列探索アルゴリズム

テキスト文字列 $T[1..n]$ 中にパタン文字列 $P[1..m]$ $(m < n)$ が出現するかどうかを最も簡単に調べるには，T のすべての位置 $(1 \leq i \leq n - m + 1)$ において，$T[i..i + m - 1]$ と $P[1..m]$ が一致するかどうかを単純に検査すればよい（図 6.2 (1)）．この方法では一つの位置について最悪の場合には $O(m)$ の時間がかかるため，全体の最悪計算量は $O(nm)$ となる．

しかし，テキスト文字列が $|\Sigma| \geq 2$ であるアルファベット Σ 中のランダムな文字から成り立っているとすると[*2]，あるテキスト文字列中の位置 i について $T[i]$ が $P[1]$ と一致する確率は $1/|\Sigma|$ である．$T[i]$ が $P[1]$ と一致していようがいまいが，$T[i + 1]$ が $P[2]$ の一致する確率は，やはり同じく $1/|\Sigma|$ である．さらに，$T[i..i + k - 1] \equiv P[1..k]$ であろうがなかろうが，$T[i + k]$ と $P[k + 1]$ が一致する

```
テキスト文字列                    テキスト文字列
   AATACAAATAGACG                   AATACAAATAGACG
--------------------------------------------------------
 1 AATA=                         1 AATA=
 2  A=---                        2  -**--      }
 3   =----                       3   *----     }
 4    A=---                      4    A=---
 5     =----                     5     *----    }
 6      AA=--                    6      AA=--
 7       AATAG                   7       AATAG
 8        A=---                  8        -***-   }
 9         =----                 9         *-*--  }
10          A=---               10          -*--- }
          (1)                             (2)
```

図 6.2　単純な文字列探索アルゴリズム (1) と Knuth–Morris–Pratt アルゴリズム (2)．いずれもテキスト文字列 “AATACAAATAGACG” から “AATAG” を見つけようとしている．(1) ではすべての位置で検査を行うが，(2) では，位置 2, 3, 5, 8, 9, 10 についてはそれよりも前の検査ですでに検査が不要であることがわかっているため検査を行わない．また，位置 4, 7 では，先頭の文字が一致することがそれまでの検査ですでにわかっているため検査しない．(1) において，‘=’ の表記は比較検査を行って文字が一致しないことがわかった位置を表す．‘-’ の表記は，実際には検査を行わない位置を表す．(2) において，‘*’ の表記は，それよりも前に行った検査の結果，テキスト文字列とパタン文字列が一致しないことが事前にわかっている箇所を示す．

*2　たとえば $\Sigma = \{$A, C, G, T$\}$ であれば $|\Sigma| = 4$.

確率はやはり同じく $1/|\Sigma|$ である．一方で，$T[i+k-1]$ と $P[k]$ が一致しなければ $T[i+k]$ 以降については一致しているかどうかを確かめる必要はない．すなわち，ある位置 i について一致しているかどうか検査しないといけない文字の組の数の期待値は，

$$1+\frac{1}{|\Sigma|}+\frac{1}{|\Sigma|^2}+\cdots<2 \tag{6.1}$$

なので 2 未満である．したがって，テキスト文字列がランダムな文字列である場合には，上のアルゴリズムの平均計算量は $O(n)$ である．ただ，テキスト文字列がいつもランダムな文字列であるとは限らないし，次節でも紹介するように最悪計算量が $O(n)$ であるアルゴリズムも存在する．

6.1.2 Knuth–Morris–Pratt アルゴリズム

前節の単純な文字列探索アルゴリズムの図 6.2 (1) での例を見てみる．このとき，最初の位置では，パタン文字列 $P[1..5]=$“AATAG” の 4 文字目まで一致したかどうか検査して，5 文字目で初めて一致しないことが判明する．単純なアルゴリズムでは，この後，場所を 1 だけずらして再びその場所に出現するかどうかの検査をパタン文字列の先頭から行うが，これは同じ場所を 2 度検査することになり，無駄がある可能性がある．

この最初の位置の検査で，テキスト $T[1..14]\equiv$“AATACAAATAGACG” では $T[3]=$‘T’ であることがわかる．一方で，$P[1]$ も $P[2]$ も ‘T’ ではない．これはすなわち，$T[2..6]$ や $T[3..7]$ は検査するまでもなくパタン文字列と一致しないことを意味する．すなわち，この二つの位置は飛ばしても問題なく，次は $T[4..8]$ がパタンと一致するかどうかを検査すればよい．さらに，最初の位置での検査で $T[4]=$‘A’ であることがすでにわかっているため，$T[4..8]$ の最初の位置の文字が，$P[1]$ と同じく ‘A’ であるかどうかをもう一度比較検査する必要はない．すなわち，この $T[4..8]$ に対する検査は $T[5]$ から始めることが可能である．

このように，ある場所での検査結果をよく観察すれば，次の位置以降の検査や文字の比較を省くことが可能である．さらによく観察すると，k 文字目まで一致していて，$k+1$ 文字目の比較検査で一致しないことがわかった場合に，文字列比較をいくつ省けるか，そして，さらにその次の検査を何文字目から始めるとよいかといったことを，文字列探索を開始する前に事前に計算しておくことも可能で

あることがわかる．**Knuth–Morris–Pratt**（クヌース–モリス–プラット）**アルゴリズム**は，このことを利用して文字列探索の効率を高めたアルゴリズムである．

ここで，'$' をテキスト文字列にもパタン文字列にも含まれていない文字だとして，パタン文字列 $P[1..m]$ の末尾にこの '$' を加えて $m+1$ の長さのパタン文字列 P' とする．なお，このような文字は，文字列の終端を判別するために用いられることから**終端文字**とよばれ，様々な文字列処理で用いられることがある．このとき P' は T には現れないが，P' の m 文字目まで一致する部分文字列が T に存在すれば T に P が存在することがわかる．よって，そのような T の位置を探すことを考える[*3]．

ここで，P' を $T[i..i+m]$ と比較したときに，ある位置 i で k 文字目まで一致し，$k{+}1$ 文字目が一致しなかったという状況を考える．すなわち $T[i..i{+}k{-}1] \equiv P'[1..k]$，かつ $T[i+k] \neq P'[k+1]$ であったとする．このとき，Knuth–Morris–Pratt アルゴリズムでは，以下のように文字列比較を次に行う位置を決める（図 6.3）．

- $P'[1..j'] \equiv P'[k-j'+1..k]$, $P'[j'+1] \neq P'[k+1]$ となる $1 \leq j' \leq k-1$ が存在する場合，
  - そのような j' のうち最大のものを j として，次の比較検査は $k-j$ だけずらした $T[i+k-j..i+k-j+m-1]$ との検査を，$T[i+k]$ と $P'[j+1]$ の比較

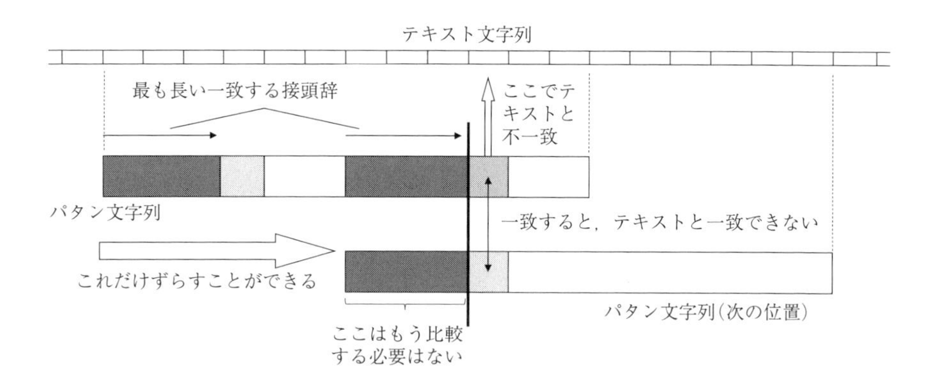

図 6.3　Knuth–Morris–Pratt アルゴリズムにおけるシフト．

*3　P' を考えるのは，T 中の P の出現を一つ見つけたときに，その位置からさらに後ろを続けて照合検査を続けるときの記述を単純にするためである．P のみを用いて Knuth–Morris–Pratt アルゴリズムを記述することも可能であるが，多少煩雑になる．

から始める．

- そのような j' が存在しない場合，
  - $P'[1] \neq P'[k+1]$ ならば，k だけずらして，$T[i+k..i+k+m-1]$ と $P'[1..m]$ の比較を先頭から順に行う．
  - $P'[1] = P'[k+1]$ ならば，$k+1$ だけずらして，$T[i+k+1..i+k+m]$ と $P'[1..m]$ の比較を先頭から順に行う．

Knuth–Morris–Pratt アルゴリズムにおいて，パタン文字列を比較する位置をずらす操作を**シフト**という．Knuth–Morris–Pratt アルゴリズムでは，$P[1..k]$ まではテキストの文字列と一致するが $P[k+1]$ が一致しない際のシフト量を事前に計算しておき，テーブルで持っておく．これをシフトテーブルとよぶ．

Knuth–Morris–Pratt アルゴリズムにおいて，$T[i]$ と $P[j]$ を比較した際に $T[i] = P[j]$ であることがわかった位置 i はすべて異なる．したがって，そのような比較数は高々n 回である．また，$T[i]$ と $P[j]$ を比較した際に $T[i] \neq P[j]$ であることがわかった場合のテキストの照合開始位置 $i-j+1$ もすべて異なる．すなわち，そのような比較数もやはり高々n 回である．したがって，Knuth–Morris–Pratt アルゴリズムでは，文字の比較を高々$2n$ 回しか行わない．よって，このアルゴリズムは，事前にシフトテーブルを作成する時間を入れなければ，最悪でも $O(n)$ ですべてのパタンの出現位置を見つけることができる．

二つの文字列 X と Y に対して，$X[1..i] \equiv Y[1..i]$ を満たす最大の i，すなわち最大の共通な接頭辞の長さを X と Y の**最大共通接頭辞長**という．ただし，そのような i がなければ最大共通接頭辞長は 0 だとする．ここで，$P'[1..m+1]$ と $P'[i..m+1]$ の最大共通接頭辞長を何らかの方法で計算し $(2 \leq i \leq m+1)$，その値を z_i に格納した配列 $\{z_i\}$ を持っていたと仮定する．これを**共通接頭辞長列**とよぶこととする．すると，$2 \leq i \leq m$ である i それぞれについて，$j + z_j - 1 = i$ となる最小の j $(j \geq 2)$ を求めることによって文字列 P' に対するシフトテーブルを作成することができる．これは $O(m)$ で可能である．すなわち，共通接頭辞長列を作成しさえすれば，シフトテーブルは $O(m)$ で作成することが可能である．

次に，この共通接頭辞長列を求める方法を考える．これは，6.3.1 節で紹介する接尾辞木を用いても $O(m)$ で計算することが可能であるが，ここではもっと簡単な Z アルゴリズム[9]とよばれる方法を紹介する（図 6.4）．このアルゴリズムでは，最大共通接頭辞長を $i = 2$ から順番に計算していく．このとき，計算した位置 i

```
1   Z_algorithm(文字列 P[1..m]) {
2     ℓ ← 0, r ← 0;   //初期化
3     for (i = 2..m) {
4       k ← 0;
5       if (r ≥ i) {
6         k ← min{z_{i−ℓ+1}, r − i + 1};   //z_i ≥ k は保証されている
7       }
8       if (i > r または i + k − 1 = r) {
9         while (i + k ≤ m かつ P[k + 1] = P[i + k]) {k ← k + 1;}
10      }
11      z_i ← k;
12      if (k > 0 かつ i + k − 1 > r) {
13        ℓ ← i, r ← i + k − 1;
14      }
15    }
16  }
```

図 6.4　$P[1..m]$ に対する Z アルゴリズム．z_i に $P[1..m]$ と $P[i..m]$ の共通接頭辞長が格納される．計算途中において，それまでに見つかった $P[i..j] \equiv P[1..i+j-1]$ のうち，j が最も大きいものを r，そのときの i を ℓ としている．6 行目では，$P[\ell..r] \equiv P[1..r-\ell+1]$ であることから $z_i \geq k$ が保証されている．

での最大共通接頭辞長を k とすると，$P[i..i+k-1]$ は P の接頭辞 $P[1..k]$ と一致するが，それまでに計算した $i+k-1$ の値が最大である $(i, i+k-1)$ の組を覚えておく（図 6.4 では，ℓ, r として覚えている）ことで，計算を簡略化している．このアルゴリズムでは，比較した際に文字が一致しない比較の回数は m 回以下である．一方，比較した文字が一致することがわかるたびに必ず r の値がその分だけ増加する．そして，$i < r$ であるような位置 i について，文字を比較することはない．ゆえに，比較した際に文字が一致するような比較の回数も高々m 回である．よって Z アルゴリズムでの文字の比較回数は高々$2m$ 回であることがわかる．

以上のことから，共通接頭辞列は $O(m)$ で計算できることがわかる．したがって，Knuth–Morris–Pratt アルゴリズムにおけるパタン文字列に対する前処理の計算時間も $O(m)$ である．通常 $m < n$ であるから，Knuth–Morris–Pratt アルゴリズム全体の最悪計算量は $O(n)$ である．

なお，Knuth–Morris–Pratt アルゴリズムを用いて k 本の長さ m の複数パタン文字列を長さ n $(n > m)$ のテキスト文字列から探索しようとすると，$O(kn)$ かかってしまうが，Aho–Corasick（エイホ–コラシック）アルゴリズムとよばれる Knuth–

Morris–Pratt アルゴリズムの拡張アルゴリズムを用いれば，これを $O(km+n)$ で計算することが可能であることも知られている[9]*4.

6.1.3 Boyer–Moore アルゴリズム

前節で紹介した Knuth–Morris–Pratt アルゴリズムは，パタン文字列長を m として，テキスト文字列の最後の $m-1$ 文字を除くすべての位置においてパタン文字列のいずれかの文字との比較を必ず行っている．これは，最良の場合でも $n-m+1$ 回の比較は必ず行うことを意味する．この節で紹介する **Boyer–Moore**（ボイヤー–ムーア）**アルゴリズム**は，これを改善することを目指したアルゴリズムである．

Boyer–Moore アルゴリズムは，Knuth–Morris–Pratt アルゴリズムと異なり，テキスト文字列上のある位置でのパタン文字列との比較を前からではなく後ろから行う．そして，照合に失敗すると，その情報から次の（いくつかの）位置について比較する必要がないことがわかれば，それらの位置を飛ばして新しい位置でパタン文字列との比較をやはり後ろから行う．

Boyer–Moore アルゴリズムでは，照合失敗の際にどれだけ位置をずらすかについて二つの規則を用いて計算する．そのうち一つの規則は Knuth–Morris–Pratt アルゴリズムと非常に似通っていて，以下のようなものである．まず，パタン文字列 $P[1..m]$ を後ろから比較して，$m-k+1$ 文字目，すなわち $P[k]$ で失敗したとする．このとき，$P[i] \neq P[k], P[i+1..i+m-k] \equiv P[k+1..m]$ となっている i が存在したとすると，その最大のものを j として，$j-k$ だけ動かす（すなわち $P[j]$ を前の比較で最後に比較した場所に重ねる）ことが可能というものである（図 6.5 (1)）．そのような i が存在しない場合には，$P[1..i] \equiv P[m-i+1,m]$ $(i \leq m-k)$ となる最大の i を j として（それもなければ $j=0$ とする），$m-j$ だけ動かすことができるとする．これは，これらの値よりも少ない動かし方をしても，必ずどこかでパタン文字列とテキスト文字列が一致しない位置が存在してしまうためである．この移動量の計算規則を接尾辞一致規則とよぶ．この接尾辞一致規則による移動量の計算は，6.1.2 節で紹介した Z アルゴリズムを用いて，パタン文字列を逆順にした文字列に対する共通接頭辞長列を求めれば，Knuth–Morris–Pratt アル

*4 6.3.1 節で紹介する接尾辞木を用いても，これを $O(km+n)$ で計算することが可能である．

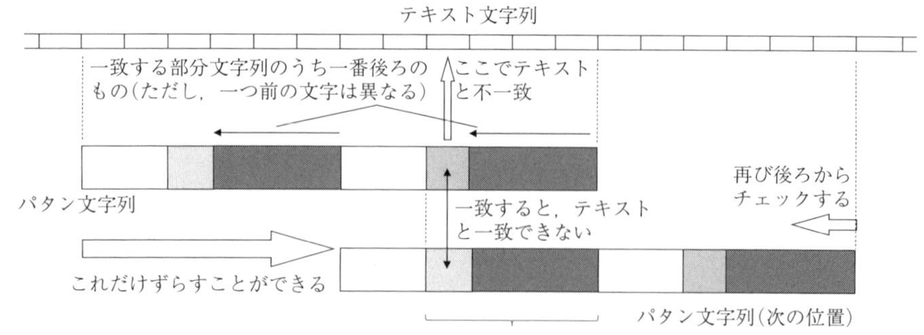

(1) 接尾辞一致規則.

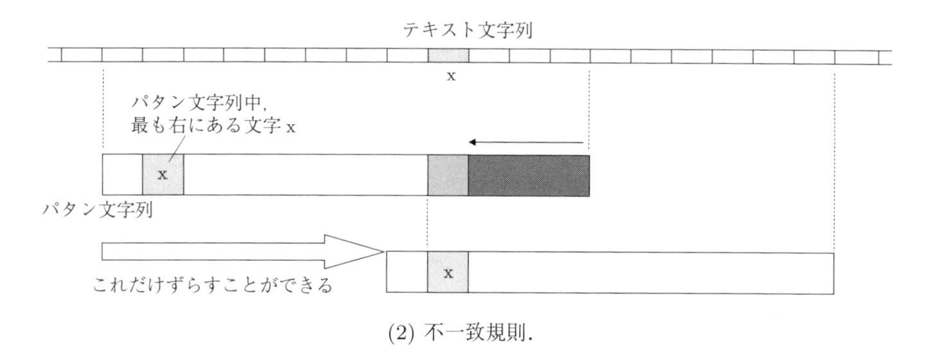

(2) 不一致規則.

図 **6.5**　Boyer–Moore アルゴリズムの二つの規則.

ゴリズムの場合と同様に $O(m)$ で計算することができる.

もう一つの規則は，Knuth–Morris–Pratt アルゴリズムにはない規則で，テキスト文字列に出現するすべての文字について，それぞれの文字 x がパタン内に出現する最も右の位置 $pos(\mathtt{x})$ を覚えておき（パタンに文字 x が出現しない場合は $pos(\mathtt{x}) = 0$ とする），照合に失敗したテキスト中の位置を ℓ とすると，$k - pos(T[\ell]) > 0$ ならば，次の比較では $k - pos(T[\ell])$ だけ動かしてよいという規則である（図 6.5 (2)）. この移動量の計算規則は不一致規則とよぶ．この不一致規則による移動量の計算はパタンを単純に走査するだけで，テキスト上で用いられるアルファベットを Σ として $O(m + |\Sigma|)$ で計算可能である.

そして，Boyer–Moore アルゴリズムはこの二つの規則による移動のうち，移動量が大きい方のものを行ったのち，新しく後ろから比較を再開する．

Boyer–Moore アルゴリズムでは悪くすると同じ場所を何度も比較する可能性があり，最悪計算量は $O(nm)$ である．しかし，パタン文字列およびテキスト文字列がアルファベット Σ 上のランダムな文字列であれば，6.1.1 節の単純なアルゴリズムと同様に，ある一つの位置における比較回数は $O(1)$ であり，しかも不一致規則による平均的な移動量は $|\Sigma|/2 \leq m$ ならば $\Theta(|\Sigma|)$，$|\Sigma|/2 > m$ ならば $\Theta(m)$ となる．よって，全体の平均計算量は $O(n/\min\{|\Sigma|, m\})$ となる．もし $|\Sigma| > m$ である場合などには，これは $O(n/m)$ と書くことも可能である．これは Knuth–Morris–Pratt アルゴリズムよりも良い計算量を実現しているとも見ることができる．実際にも Boyer–Moore アルゴリズムは，大変優れたアルゴリズムとして実用的に最もよく用いられる文字列探索アルゴリズムの一つである．

6.1.4 Karp–Rabin アルゴリズム

Karp–Rabin（カープ–ラビン）**アルゴリズム**は，ハッシュを用いた文字列探索アルゴリズムである．ハッシュ関数は，ハッシュしたい要素が同一であればハッシュ値も必ず同一の値をとるが，逆は必ずしも成り立たない．Karp–Rabin アルゴリズムでは，長さ n のテキスト文字列中から長さ m のパタン文字列の出現を探索する場合，まず何らかの方法で文字列中の長さ m の部分文字列すべてに対してそのハッシュ値を計算する．そのハッシュ値がパタン文字列のハッシュ値と等しいときに限り，パタン文字列がテキスト文字列上のその位置に出現するかどうかを単純に比較することで確認する．このハッシュ値を**フィンガープリント**とよび，Karp–Rabin アルゴリズムはフィンガープリント法とよばれることもある．また，このアルゴリズムのように，実際に比較する前に簡易的なテストを行って候補を絞り込むことを**フィルタリング**という．

理想的な単純一様ハッシュであれば，二つの異なる文字列のハッシュ値が衝突する確率はハッシュ関数の最大値を z とすると $1/z$ である．また，ハッシュ値は定数時間で比較できるとする．ここで，occ をパタン文字列のテキスト文字列中の出現数として，テキスト文字列の各部分文字列に対するハッシュ値を計算する時間を別にすると，ハッシュ関数の最大値が $\Omega(m)$ である理想的なハッシュ関数を用いれば，このアルゴリズムの平均計算量は $O(n + occ \cdot m)$ であるといえる．

さらにテキスト文字列中のハッシュ値を全体で $O(n)$ で計算することができれ

ば，上の $O(n + occ \cdot m)$ を全体の平均計算量とできる．そのような例としては以下のようなものがある．簡単のため文字列を構成するアルファベットが非負整数 $\Sigma = \{0, 1, 2, \ldots, p-1\}$ であるとする．そして，文字列 $S[1..m]$ に対して，q を $\Omega(m)$ であるような任意の大きな値*5として，ハッシュ値を

$$h(S) = (S[1] \cdot p^{m-1} + S[2] \cdot p^{m-2} + \cdots + S[m-1] \cdot p + S[m]) \mod q \quad (6.2)$$

とする．このとき，文字列 $T[1..n]$ の各位置におけるハッシュ値を求めることを考える．すると，最初の $T[1..m]$ に対するハッシュ値さえ $O(m)$ で計算しておけば，テキストの残りの位置のハッシュ値は，

$$h(T[i+1..j+1]) = (p \cdot (h(T[i..j]) - T[i] \cdot p^{m-1}) + T[j+1]) \mod q \quad (6.3)$$

と，簡単にそれぞれ $O(1)$ で計算できるため，全体で $O(n)$ で計算可能である．

すなわち，Karp–Rabin アルゴリズムは，最悪計算量は $O(nm)$ であるものの平均的にはほぼ $O(n + occ \cdot m)$ で計算することができるアルゴリズムといえる．

6.1.5　shift-or アルゴリズム

Boyer–Moore アルゴリズムは $O(n/\min\{|\Sigma|, m\})$ というその計算量からもわかるように，アルファベットサイズが小さい場合には必ずしも効率的なアルゴリズムであるとはいえない．**shift-or アルゴリズム**はアルファベットサイズが小さい場合に有効な文字列探索アルゴリズムである．

shift-or アルゴリズムでは，テキスト文字列 $T[1..n]$，パタン文字列 $P[1..m]$ に対して，$T[i-j+1..i] \equiv P[1..j]$ ならば $D[i][j] = 0$，そうでないならば $D[i][j] = 1$ となる表 $D[1..n][1..m]$ を計算することを考える．

このとき，簡単のためアルファベットを $\Sigma = \{1, 2, \ldots, |\Sigma|\}$ として，$x = P[j]$ ならば $B[x][j] = 0$，そうでなければ $B[x][j] = 1$ とする表 $B[1..|\Sigma|][1..m]$ を作成しておく．すると，$D[i][0] = 0$ $(0 \leq i \leq n)$, $D[0][j] = 1$ $(1 \leq j \leq m)$ とすると，この表 $D[i][j]$ $(1 \leq i \leq n, 1 \leq j \leq m)$ は

$$D[i][j] = D[i-1][j-1] \vee B[T[i]][j] \quad (6.4)$$

---

*5　q がハッシュサイズとなる．q は十分大きな素数などとすることが多い．

を満たす．これに基づけば，動的計画法ですべての表 D 中の値を $O(nm)$ で計算することができる．

このアルゴリズム自体は，$O(nm)$ であるから全く速くないように見える．しかし，ここで m が十分小さく計算機のワードサイズ以下（すなわち 64 ビット CPU ならば 64 以下など）であるとする．すると，表 D は n 個の m ビットの整数としてコンパクトに表現できる．すなわち，

$$D[i] = D[i][1] + D[i][2] \cdot 2 + \cdots + D[i][m] \cdot 2^m \tag{6.5}$$

などとすればよい．同様に，

$$B[x] = B[x][1] + B[x][2] \cdot 2 + \cdots + B[x][m] \cdot 2^m \tag{6.6}$$

とすれば，表 B も $|\Sigma|$ 個の整数として表現できる．すると，上の動的計画法を表す式は，$\mathit{shift\_left}(y)$ を y を 1 ビット左にシフトすなわち 2 倍にする演算子，$\vee$ を各ビットごとに論理和をとる演算子だとして，

$$D[i+1] = \mathit{shift\_left}(D[i]) \vee B[T[i+1]] \tag{6.7}$$

とも表現できる．通常の計算機では，m が計算機のワードサイズに収まる場合には，このシフト演算や論理和演算は $O(1)$ で計算可能である．すなわち，この手法は，m が計算機のワードサイズに収まる場合には非常に単純なビット演算のみによって $O(n)$ で計算できる．この手法は，他の手法と比べ非常に単純な計算機命令しか用いないため，場合によってはきわめて効率の良いアルゴリズムとなる．

なお，m が計算機のワードサイズに収まらない場合でも，より大きな仮想ワードを考えればこのアルゴリズムは利用可能である．また，実用的には，ワードサイズを w としてパタンの先頭 w 文字のみの比較にこのアルゴリズムを使い，フィルタリングの手段として用いることも考えられる．

6.2 近似文字列マッチング

異なる二つの文字列を比較し，それらが似ているかどうか，似ているならばどのように似ているかを調べることを近似文字列マッチングという．この節ではその方法について論じる．

6.2.1　文字列間の距離

長さが等しい二つの文字列 $S[1..n], T[1..n]$ に対し，同じ位置の文字が異なっている回数，すなわち $S[i] \neq T[i]$ となる i の数を **Hamming**（ハミング）**距離**とよぶ．逆に同じ位置に同じ文字がある回数，すなわち $S[i] = T[i]$ となる i の数を **Hamming 重み**とよぶ．Hamming 距離が小さければ小さいほど二つの文字列は類似度が高いといえる．たとえば，`HANABI` と `HAWAII` の Hamming 距離は 2 であるのに対し，`TAMAGO` と `HAWAII` の Hamming 距離は 4 であり，この指標を用いれば，`HAWAII` により近い文字列は `HANABI` であることがわかる．この計算は自明に $O(n)$ で可能である．Hamming 距離は，文字の置き換えを最小で何回すれば片方の文字列から他方に変換できるかを示した指標である．すなわち，`HANABI` から `HAWAII` へは，2 か所の文字を書き換えるだけで変換することができる．

しかし，Hamming 距離では比べる文字は必ず同じ位置のものであることが決まっており，文字列の長さも同じものしか比較することができない．一方で，比べる文字の位置が多少ずれていても比較することが可能な距離指標として，**編集距離**とよばれる距離がある．これは，文字列の編集として Hamming 距離でも考慮した「文字の置き換え」に加えて「文字の削除」と「文字の挿入」を考え，ある文字列から別の文字列へこれらの 3 種類の編集を用いて最小何回の編集で書き換えることができるかを考えた距離指標である．たとえば `HAWAII` と `HEIWADAI` はなんとなく似ていそうではあるものの，文字列長も異なり Hamming 距離で距離を測ることは単純にはできない．しかし，`HAWAII`→`HEWAII`→`HEIWAII`→`HEIWADI`→`HEIWADAI` のように変換していけば，4 回の編集で変換することができる．この例ではこの 4 回という編集回数が最小であり，編集距離は 4 である．なお，逆の編集を行えば，同じ回数の編集で全く逆の変換を行うことができる．また，文字列に対する編集の順序は任意に入れ替えることも可能で，編集距離に対応する編集の順序は通常は一意ではない．

これに対し，**アラインメント**とよばれる表記法を用いると，順序に関係なく編集のしかたを表すことができる．アラインメントでは，文字列を形成するアルファベット Σ に加えて，そこに含まれないギャップ文字 ‘-’ を用いる．文字列 S, T に対するアラインメントとは，$|S'| = |T'|$ かつ $S'[i] = T'[i] =$‘-’ となる i が存在しないように S, T それぞれの文字列中にいくつかの ‘-’ を挿入して作成した文字列の組 (S', T') のことである（図 6.6）．アラインメント (S', T') は，$S'[i] \neq T'[i]$ か

```
MI-AMIBEACH---
MINAMIM-ACHIDA
```

図 **6.6** アラインメントの例．`MIAMIBEACH` から `MINAMIMACHIDA` へ，順序は問わず 6 回の編集で変換できることを示している．

つ $S'[i] \neq$‘-’ かつ $T'[i] \neq$‘-’ ならば文字 $S'[i]$ を文字 $T'[i]$ に置き換え，$S'[i] =$‘-’ ならば文字 $T'[i]$ をそこに挿入し，$T'[i] =$‘-’ ならば文字 $S'[i]$ を削除すれば，文字列 S から文字列 T へ変換できることを表す．

このとき，編集の種類によって重みを変えることも考えられる．さらには，文字の置き換えでは，「似ている」文字の置き換えと「似ていない」文字の置き換えとで異なった重みを用いるなど，置き換える文字の組み合わせによって重みを変えることが考えられる．そのように異なる重みを用いるよう編集距離を拡張したものを**アラインメントスコア**とよぶ．

6.2.2 アラインメントアルゴリズム

編集距離やその重みつきの拡張であるアラインメントスコアを求めるには，可能性のあるすべての編集の組み合わせの中で最も編集回数が少ない，あるいはその重みつき編集回数（スコア）が小さいものを探し出す必要がある．これらの編集距離もアラインメントスコアも，比べる二つの文字列長を n, m として，以下で述べる動的計画法によって $O(nm)$ で計算することが可能である．

比べたい二つの文字列を $S[1..n], T[1..m]$ として，$D_{k,\ell}$ を $S[1..k]$ と $T[1..\ell]$ のアラインメントスコアであるとする．また，$D_{i,0}$ は $S[1..i]$ と空文字列のアラインメントスコア，$D_{0,i}$ は空文字列と $T[1..j]$ のアラインメントスコアであるとする．すなわち，gap_cost を挿入，削除に対するスコアとして，

$$D_{i,0} = gap\_cost \cdot i, \tag{6.8}$$

$$D_{0,i} = gap\_cost \cdot i \tag{6.9}$$

となる．なお，編集距離を求めたい場合は

$$gap\_cost = 1 \tag{6.10}$$

とする．

さらに，$k > 0, \ell > 0$ である場合，

$$D_{k,\ell} = \min\{D_{k-1,\ell-1} + cost(S[k], T[\ell]), \\ S_{k-1,\ell} + gap\_cost, \\ S_{k,\ell-1} + gap\_cost\} \tag{6.11}$$

が成り立つ．ここで，$cost(a, b)$ は a を b に置き換えたときのスコアを表すが，編集距離を求める場合は，

$$cost(a, b) = \begin{cases} 1 & (a \neq b \text{ の場合}) \\ 0 & (a = b \text{ の場合}) \end{cases} \tag{6.12}$$

とすればよい．

式 (6.11) から，$D_{k,\ell}$ を求めるためには $D_{k-1,\ell-1}$, $D_{k-1,\ell}$, $D_{k,\ell-1}$ の三つの値があればよいことがわかる．すなわち，小さい k, ℓ から順番に（すなわち動的計画法で）この値を計算していけば，求めたい $D(n, m)$ を $O(nm)$ で計算できる．

なお，ここまではアラインメントスコアあるいは編集距離を最小化する問題として定式化しているが，gap_cost を負の値にして同じか類似した文字ほど $cost(a, b)$ の値が高くなるスコアを用いて，アラインメントスコアを最大化する問題として定式化することもできる．その場合も，

$$D_{k,\ell} = \max\{D_{k-1,\ell-1} + cost(S[k], T[\ell]), \\ S_{k-1,\ell} + gap\_cost, \\ S_{k,\ell-1} + gap\_cost\} \tag{6.13}$$

となるため，同様の動的計画法で計算が可能である．

これらの動的計画法の計算は，図 6.7 のようなグラフでも表すことができる．このグラフでは，縦方向，横方向の辺はギャップに相当し，斜め方向の辺は文字の対応付けに相当する．なお，このグラフは，縦方向の辺は上から下，横方向の辺は左から右，斜め方向の辺は左上から右下へ向いた有向辺となっている DAG であるものとする．すると，二つの文字列の任意のアラインメントに対し，このグラフにおける左上から右下へのパスが必ず一対一で対応する．しかも，このグラフにおいて，縦と横の辺の長さを gap_cost，上と左に文字 a, b があるときの辺の長さを $cost(a,b)$ とおくと，そのパスの長さがアラインメントのスコアに対応する．

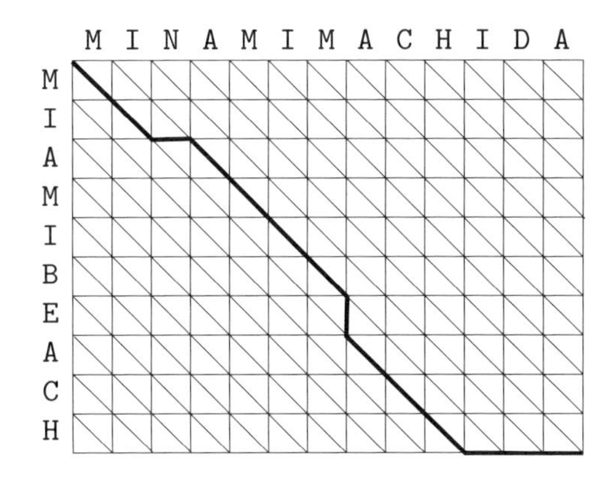

図 **6.7** アラインメントとグラフの関係．このグラフは左上から右下へのみ行くことのできる DAG である．MIAMIBEACH と MINAMIMACHIDA の任意のアラインメントはこのグラフ上での左上から右下へのパスに対応する．描かれたパスは図 6.6 のアラインメントに対応するパス．このグラフ上での最短路が最適アラインメントに対応する．

すなわち，最小のアラインメントスコアを求める問題は，このグラフで最短路長を求めることに相当する．ただし，このグラフは非常に規則的なグラフで，前述のアラインメントスコアの計算方法のとおり単純な動的計画法で最短路を求めることができ，Dijkstra 法やトポロジカルソートなどを行う必要はない．なお，実際の最適アラインメント（あるいはそれに対応しているこのグラフ上の最短路）を求めるには，Dijkstra 法などと同様のバックトラックをこのアラインメントの問題でも行えばよい．

6.3 文字列索引

6.1 節では，テキスト文字列の中からパタン文字列を探索するアルゴリズムをいくつか紹介した．この節では，テキスト文字列に対して事前に何らかの前処理を行うことによって，より高速な探索を実現するデータ構造を紹介する．そのようなデータ構造は索引データ構造とよばれる．

6.3.1　接 尾 辞 木

多数の文字列（キーワード）集合の中から欲しい文字列を高速で探すことを可能にするデータ構造に**キーワード木**がある（図 6.8）．これは枝に文字のラベルがついた**トライ**で，根から葉までのパス上のラベル列が与えられたキーワード集合中のキーワードに一対一で対応しているものをいう．木の節点の子への枝のうち，与えられたラベルを持つ枝へのアクセスは定数時間で可能であるとすると*6，このキーワード木を用いれば辞書に含まれる任意の長さ m のキーワードを $O(m)$ で探すことが可能となる．

ここで，もし，ある長さ n のテキスト文字列に含まれるすべての接尾辞に対するキーワード木が作成できたならば，テキスト文字列の長さに関係なく，パタン文字列の出現をその長さに比例した計算時間で検索することが可能となる．そのようなキーワード木を**接尾辞トライ**とよぶ（図 6.9 (1)）．しかし，すべての接尾辞の長さの和は $O(n^2)$ であることから，長さ n のテキスト文字列に対する接尾辞トライの大きさも $O(n^2)$ となってしまい，大規模なテキスト文字列に対して適用することは困難である．

ここで，もし，テキスト文字列の最後の文字がそのテキスト文字列内で他に用いられていない文字だったならば，接尾辞トライの葉は各接尾辞と一対一で対応

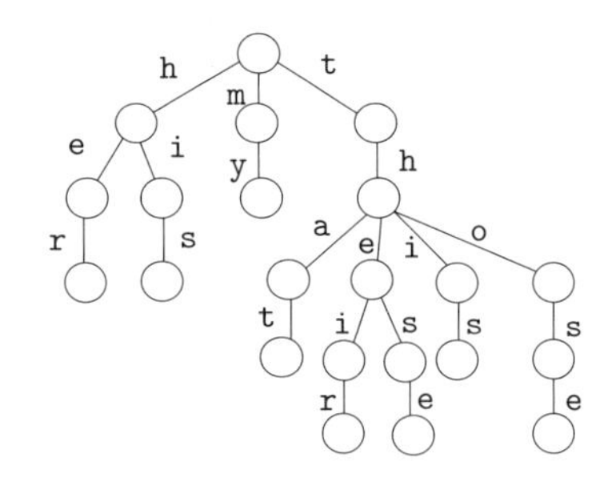

図 6.8　“her”, “his”, “my”, “that”, “their”, “these”, “this”, “those” に対するキーワード木．根から葉までのパスのラベル列が各キーワードに対応している．

*6　これはアルファベットのサイズ（文字の種類数，英語小文字であれば 26）を定数だと仮定した場合．アルファベット Σ のサイズ $|\Sigma|$ が定数とはいえない場合，単純な実装だと子節点へのアクセスは $O(|\Sigma|)$ の時間がかかる．ただし，子節点への枝のラベルを平衡二分木で管理すればこれを $O(\log|\Sigma|)$ にすることも可能．ハッシュを用いれば，ランダムな入力に対して平均的には $O(1)$ で子節点にアクセスすることも可能．

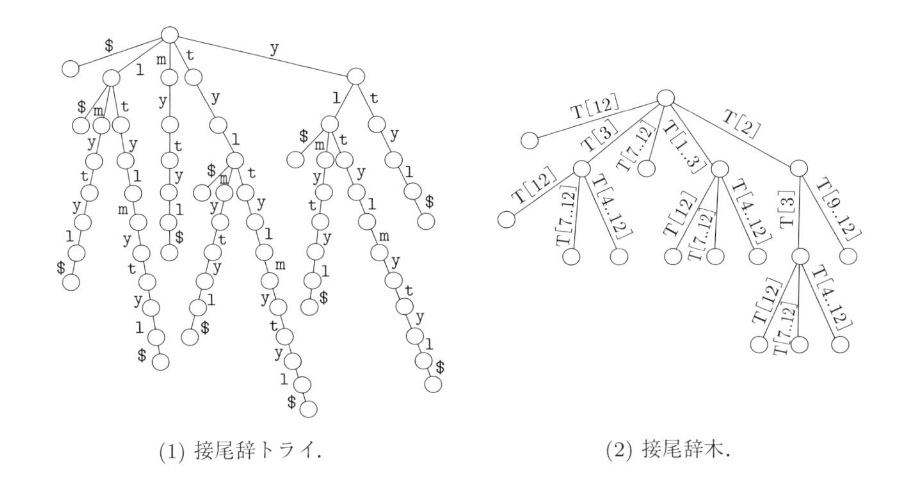

(1) 接尾辞トライ.　　(2) 接尾辞木.

図 6.9　$T =$ "`tyltylmytyl$`" に対する接尾辞トライと接尾辞木．この図では，根から終端記号 $T[12] =$ '`$`' のラベルのみが貼られた枝を作成しているが，検索には不要であり，実際には作成しなくともよい．また，ここでは配列のオフセットを 1 としているが，実際の実装では 0 としてよい．

し，その数は接尾辞の数と同じ n である．そのような場合，様々なアルゴリズムの記述が容易になることが知られている．そこで，以下，特に断りがない限り，本節，6.3.2 節，6.3.3 節における接尾辞木や次節で紹介する接尾辞配列を扱う際には，テキスト文字列 $T[1..n]$ の末尾 $T[n]$ は 6.1.2 節でも用いた**終端文字** '`$`'（他には出現しない特殊な文字）であるものとする．

さて，このとき，T の全接尾辞に対するキーワード木の葉の数は n であるから，その内部節点のうち子の数が 2 以上の節点の数は n 個未満である．ここで，子の数が 1 の内部節点について，その親節点と子節点をまとめて一つの節点とすることで，子の数が 1 の内部節点をすべて削除することを考える．すると全体の節点数は $2n$ 未満となる．各枝にはもともと接尾辞トライの対応する複数の枝についていた文字ラベルをつなげた文字列をラベルとして与える．このラベルは必ずもとの文字列の部分文字列となっているため，もとの文字列中の開始位置と終了位置のみで記憶することが可能であり，各ラベルのサイズは $O(1)$ とすることができる[*7]．

---

*7　ただし，内部節点間の枝のラベルに対応する部分文字列が文字列中に複数あるため，ラベルとして記憶しておくべき文字列中の位置は一意ではない．どの位置を記憶するかは接尾辞木の構築アルゴリズムに依存する．

このようなデータ構造を**接尾辞木**という（図 6.9 (2)）．

接尾辞トライのサイズは $O(n^2)$ であったが，接尾辞木のサイズは $O(n)$ で済む．長さ n の文字列には長さが $O(n)$ の部分文字列が $O(n^2)$ も存在するにもかかわらず，それらの部分文字列を効率的に検索できる索引構造の大きさが $O(n)$ に抑えられるのは驚くべきことである．また，さらに驚くべきことに，接尾辞木はサイズが $O(n)$ であるだけではなく，$O(n)$ 時間で構築できることが知られている．なお，構築法に関しては 6.3.3 節で紹介する．

接尾辞木は，検索に限らず様々な文字列処理を効率化できることも知られている．たとえば，ある文字列中に複数回出現する部分文字列を列挙したい場合には，接尾辞木を作成し，その内部節点に対応するラベルを列挙すればよい．あるいは，二つの文字列 S, T に共通に含まれる部分文字列を見つけたいならば，それぞれの文字列の終端を区別できるよう異なる終端文字 $\$_1$, $\$_2$ とした後両者を連結し，その連結した文字列に対して接尾辞木を作成し，$\$_1$, $\$_2$ のそれぞれで終わるラベルを持つ葉を両方とも子孫に持つ内部節点を探せばよい．この他にも接尾辞木に基づく文字列処理アルゴリズムが数多く知られている*8．

6.3.2 接 尾 辞 配 列

前節で紹介した接尾辞木のサイズはテキスト文字列の長さを n として $O(n)$ ではあるが木構造を作成する必要があり，実際に必要なメモリサイズはもとのテキスト文字列のサイズと比べればかなり大きなものとなる．本節では，同じくサイズは $O(n)$ であるが，さらに少ないメモリで保持することができ，なおかつ同様にパタン文字列検索が可能な**接尾辞配列**とよばれる索引データ構造を紹介する．

文字間に大小関係が定義されている場合，文字列の集合に対して，**辞書的順序**あるいは**辞書順**とよばれる順序を考えることができる．ここで，各文字列の末端に終端文字が加えられており，その終端文字は文字列の出現文字のいずれの文字よりも小さいものだと仮定する．辞書的順序とは，二つの文字列 S, T に対し，適当な k が存在し $S[1..k] \equiv T[1..k]$ かつ $S[k+1] < T[k+1]$ であるならば，順序関係 $S \prec T$ を考えるとしたものである．通常の英語辞書の単語の並び順などはまさにこの辞書的順序である．

---

*8　接尾辞木を用いた文字列処理アルゴリズムの他の例は[9, 10]などに詳しい．

ここで，もし文字列の集合を辞書順にソートすれば，その文字列集合の中から二分探索で中から欲しい文字列を探し出すことが可能である．ただし，数字の比較は $O(1)$ で可能であるのに対し，文字列の比較は一致する接頭辞長に比例した時間がかかる．したがって，文字列数を n，文字列の最大長を m とすると，ソートには最悪で $O(mn\log n)$ の時間が必要な一方で，ソートされた文字列集合からの二分探索の計算時間は $O(m\log n)$ である．ただし，比較する文字列のいずれかがランダムな文字列であれば，平均比較時間は $O(1)$ であり，そのような場合においては，数列のソートやソートされた数列からの二分探索などと同等の平均計算量を期待することができる．

テキスト文字列からパタン文字列に照合する部分文字列を探したいのであれば，テキスト文字列のすべての接尾辞を辞書的順序でソートしさえすれば，二分探索で欲しいパタン文字列の出現を探すことができるようになる．このとき，接尾辞はテキスト文字列中の開始位置のインデックスで表せるため，長さ n の文字列の全接尾辞をソートした結果を $O(n)$ の空間で保持することができる．このように文字列の全接尾辞のソート情報を保持したものを**接尾辞配列**とよぶ（図 6.10）．接尾辞配列は，接尾辞木よりもはるかに少ないメモリ量で実現できるにもかかわらず，検索をはじめ，接尾辞木でできることの多くを実現できることが知られてい

```
12: $
11: l$
 6: lmytyl$
 3: ltylmytyl$
 7: mytyl$
 9: tyl$
 4: tylmytyl$
 1: tyltylmytyl$
10: yl$
 5: ylmytyl$
 2: yltylmytyl$
 8: ytyl$
```

図 6.10　$T =$ “tyltylmytyl$” に対する接尾辞配列．右側に記した接尾辞の文字列は実際には記憶せず，それらのインデックスである 12, 11, 6, 3, 7, 9, 4, 1, 10, 5, 2, 8 のみを記憶する．これは図 6.9 の接尾辞木の葉を左から並べたものに相当する．なお，‘$’ は他のどの文字よりも小さいと仮定している．なお，この図においては終端文字 $T[12] =$ ‘$’ のみの接尾辞も含めているが，これは入れなくともよい．

る．接尾辞配列も，テキスト文字列長を n として $O(n)$ で構築することが可能である．構築方法については次の 6.3.3 節で述べる．

6.3.3　接尾辞配列および接尾辞木の構築法

接尾辞木の各節点の子節点がその節点への枝のラベルの辞書的順序で左から右へ並べられているものとすると，接尾辞木の葉を深さ優先探索などによって左から順に並べるだけで接尾辞配列を得ることができる．すなわち，もし接尾辞木を先に作成することが許されるならば，まず接尾辞木を作成し，その葉を深さ優先探索などで単純に並べることで，接尾辞配列は接尾辞木から線形時間で構築可能である．

しかし，メモリ効率の良い接尾辞配列を構築するのにメモリ効率の悪い接尾辞木をまず構築するのは，作業メモリ量の観点から好ましくない．また，接尾辞木も接尾辞配列も，それぞれ線形時間で直接作成するアルゴリズムがいくつか知られているが，実用的には接尾辞配列の方が高速に構築可能である．そこで，本節では，線形時間で接尾辞配列を作成するアルゴリズムをまず紹介し，その後，上とは逆に接尾辞配列から線形時間で接尾辞木を作成する方法を紹介する．

接尾辞配列を単純に通常のソートアルゴリズムで求めようとすると，二つの接尾辞の比較に最悪の場合 $O(n)$ かかるため，$O(n^2 \log n)$ の時間がかかってしまう．文字列が完全にランダムであると仮定したとしても $O(n \log n)$ の平均計算量が必要となりそうである．これに対して，以下では，いくつかある線形時間の接尾辞配列構成アルゴリズムの中でも比較的単純な，**Kärkkäinen–Sanders** アルゴリズムを紹介する*9．

接尾辞を作成したい文字列を $T[1..n]$ とし，また，アルゴリズムの記述を簡単にするため，T の最後の 3 文字（すなわち $T[n-2], T[n-1], T[n]$）は終端文字 '$' であるとする．Kärkkäinen–Sanders アルゴリズムでは，T の長さ 3 以上のすべての接尾辞を $S_j = \{T[3 \cdot i + j + 1..n]\}$（$i, j$ は整数．$0 \leq j \leq 2, 1 < 3 \cdot i + j + 1 \leq n-2$）と表される三つの接尾辞集合 S_0, S_1, S_2 に分けて考える（図 6.11）．また，$P_j = \{T[3 \cdot i + j + 1..3 \cdot i + j + 3]\}$（$i, j$ は整数．$0 \leq j \leq 2, 1 < 3 \cdot i + j + 1 \leq n-2$）とおく．$P_0, P_1, P_2$ はいずれも長さ 3 の文字列からなる集合である．そしてまず，

*9　同じく線形時間だが，実用的にはより高速な接尾辞構築アルゴリズムとして，インデュースト ソーティング[12] が知られている．

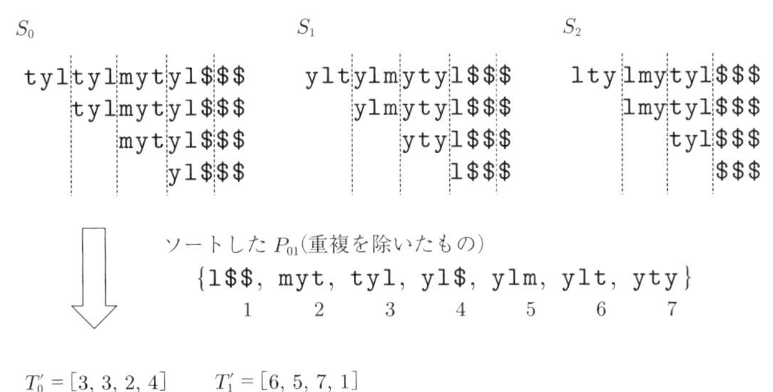

図 **6.11**　Kärkkäinen–Sanders アルゴリズムにおける文字列変換．この例では，T = "tyltylmytyl$" の接尾辞を S_0, S_1, S_2 に分け，文字列集合 P_{01} をソートし，T'_0 と T'_1 を計算している．

P_0 と P_1 を合わせた文字列集合 P_{01} に属するすべて文字列を辞書的順序でソートする．これは基数ソートを用いて $O(n)$ で可能である．

その後，T の部分文字列 $T_{i,j} = T[3 \cdot i + j + 1..3 \cdot i + j + 3]$ $(j = 0, 1)$ のそれぞれに対し，$T_{i,j}$ の P_{01} 内での辞書的順序での順位（**ランク**とよぶ．同じ文字列は同じランクを持つ）$r_{i,j}$ を計算する．このとき $|P_{01}| \leq 2n/3$ であり，$r_{i,j} \leq 2n/3$ である．T'_i を，その k 番目の要素が $r_{k,i}$ すなわち $T_{i,j}$ の P_{01} 内のランクである配列であるとする $(i = 1, 2)$．このとき $|T'_0| = \lfloor n/3 \rfloor$, $|T'_1| = \lfloor (n-1)/3 \rfloor$ である．

ここで観察される重要な点は，もし T'_0 に対する接尾辞配列を計算することができれば，その結果は S_0 に属する T の接尾辞を辞書的順序でソートしたものに相当するということである．同様に T'_1 に対する接尾辞配列を計算することができれば，S_1 に属する T の接尾辞を辞書的順序でソートした結果となっている．さらにいうと，T'_0 と T'_1 の間に終端文字 '$' を挟んで連結した文字列 $T' = T'_0$+'$'+$T'_1$ を考え，もしこれに対して接尾辞配列を計算することができれば，$S' = S_0 \cup S_1$ に属する接尾辞を辞書的順序でソートした結果を得ることができる．

ここで，何らかの方法で T' に対する接尾辞配列を計算し，それを用いて，S' に属する接尾辞の辞書的順序を得ることができたとする．一方，S_2 に属する接尾辞は，$T[n-2..n] \in S_2$ である場合の $T[n-2..n]$ = '$$$' を除き，いずれも S_0 に属する接尾辞の先頭に 1 文字加えたものとなっている．これはすなわち，S_0 の接尾辞を辞書的順序でソートしたものが存在したならば，基数ソートの手法を用い

て 1 桁分ソートを行うことで，S_2 に属する接尾辞を線形時間でソートすることが可能であることを意味する．なお，S_0 に属する接尾辞集合のソート結果は S' に属する接尾辞集合のソート結果から容易に線形時間で取り出すことが可能である．

もし，S' に属する接尾辞集合のソート結果と S_2 に属する接尾辞集合のソート結果を持っていたならば，それら二つの結果をマージソートの要領でマージすれば，全体の接尾辞配列を計算することができる．ただ，このマージの計算を線形時間で行うためには，二つの接尾辞の比較を $O(1)$ で行わなければならない．これは次のようにして行う．$s[1..k] \in S_2$ と $t[1..\ell] \in S_0$ を比べる場合，まずそれぞれの先頭文字を比較する．$s[1] \neq t[1]$ ならば，その比較だけで両者の辞書的順序による大小関係がわかる．そうでない場合は，$s[2..k] \in S_0$, $t[2..\ell] \in S_1$ であることから，S' に属する接尾辞集合のソート結果中のこれらの二つの接尾辞のランクを比較することで両者の大小関係がわかる．$s[1..k] \in S_2$ と $t[1..\ell] \in S_1$ を比べる場合には先頭の 2 文字を比較し，それで大小関係がわからない場合には $s[3..k] \in S_1$ と $t[3..\ell] \in S_0$ を同様の方法で比較すればよい．このランクの比較は，次に述べる**逆接尾辞配列**を事前に構築しておけば，$O(1)$ で計算することができる．

逆接尾辞配列とは，各接尾辞の接尾辞配列 $SA[1..n]$ 中のランクからなる配列，すなわち

$$SA[SA^{-1}[i]] = i \tag{6.14}$$

となる配列 $SA^{-1}[1..n]$ のことである（図 6.12）．逆接尾辞配列は容易に線形時間で接尾辞配列から求めることが可能であり，一度これを求めさえすれば，その後は任意の接尾辞のランクを定数時間で得ることができる．さらに，そうして得られたランクを比較することにより，大小比較も定数時間で可能である．

以上のことから，T' の接尾辞配列を計算すれば，その結果から T の接尾辞配列を $O(n)$ で計算できることがわかる．T' の接尾辞配列は再帰的に計算することにすれば，全体の計算時間を $f(n)$ として，$f(n)$ は帰納的に

$$f(n) = f(2n/3) + O(n) \tag{6.15}$$

と書くことができ，$f(n) = O(n)$ が得られる．すなわちこのアルゴリズムは接尾辞配列を線形時間で計算可能である．以上が Kärkkäinen–Sanders アルゴリズムの概要である．

ここまでで接尾辞配列を線形時間で計算可能であることがわかった．さらにここからは，接尾辞木を接尾辞配列から線形時間で非常に効率よく構築できる**笠井**

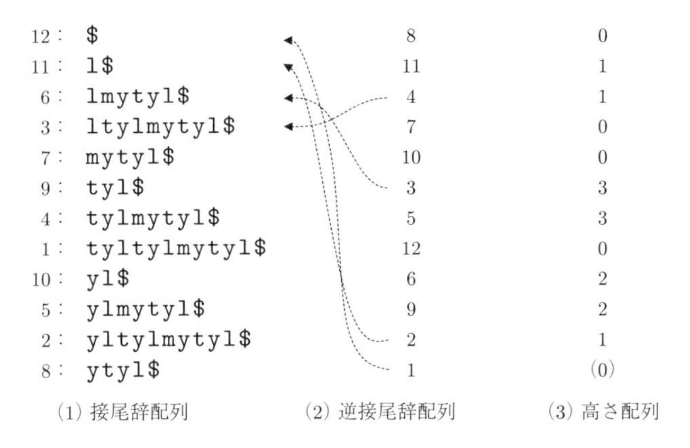

図 6.12 $T =$ "tyltylmytyl$" に対する接尾辞配列およびその逆接尾辞配列と高さ配列.

のアルゴリズムを紹介する*10.

以下では, $T[1..n]$ に対する接尾辞配列 $SA[1..n]$ をすでに計算して持っているものとして, そこから接尾辞木を構築することを考える. このアルゴリズムでは**高さ配列**とよばれる配列を用いる. 高さ配列は, $1 \leq i \leq n-1$ なる i に対し $T[SA[i]..n]$ と $T[SA[i+1]..n]$ の最長共通接頭辞長を計算し $H[i]$ に格納した配列 $H[1..n-1]$ のことをいう (図 6.12). ただ, もしこれをナイーブに計算しようとすると, 高さ配列の一つの値を計算するのに最悪で $O(n)$ の時間を要する可能性があるため, $O(n^2)$ の時間がかかってしまう.

笠井のアルゴリズムでは, まず接尾辞配列 $SA[1..n]$ から逆接尾辞配列 $SA^{-1}[1..n]$ を計算する. そして, 高さ配列を $H[1]$ から順に計算するのではなく $i = 1, 2, \ldots, n$ の順に

$$h_i = H[SA^{-1}[i]] \tag{6.16}$$

を計算することによって H を計算する (ただし $H[n] = 0$ とする). ここで $T[p_i..n]$ を辞書順で $T[i..n]$ の次の接尾辞とすると,

$$p_i = SA[SA^{-1}[i] + 1] \tag{6.17}$$

*10 接尾辞木を線形時間で直接構築する方法もいくつか知られているが[9, 10], ここで紹介する笠井のアルゴリズムの方が簡便かつ効率的である.

と表せる．h_i は $T[i..n]$ と $T[p_i..n]$ の最長共通接頭辞長である．

h_i を計算しようとしたとき，その一つ前の計算において $h_{i-1} > 1$ であったとする．このとき，$T[i..n]$ と $T[p_{i-1}+1..n]$ の最長共通接頭辞長は，$h_{i-1}-1$ である．また，$T[p_{i-1}+1..n]$ のランク（辞書順）は，$T[i..n]$ のそれよりも大きい．これは $h_i \geq h_{i-1}-1$ であることを示している．したがって，h_i を計算するために $X_i = T[i..n]$ と $Y_i = T[p_i..n]$ を比較する際，先頭の $h_{i-1}-1$ 文字については比較する必要はない．h_{i-1} 番目以降の文字についてのみ，ナイーブに比較して高さ配列の値 h_i を計算すればよい．なお，$h_{i-1} \leq 1$ の場合は h_i を 1 文字目からナイーブに計算する．

このようにして高さ配列を構築した際の計算量は $O(n)$ である．このことは次のようにして示すことができる．上のアルゴリズム中で，$X_i[k] = T[i+k-1]$ と $Y_i[k]$ を比較して，それらが同じ文字であることがわかったとする．このアルゴリズムでは，h_j $(j > i)$ の計算において X 側の文字として $T[i+k-1]$ がもう一度調べられることはない．したがって，そのような（結果が等しいとわかる）比較の回数は最大で n である．一方，$X_i[k] = T[i+k-1]$ と $Y_i[k]$ を比較してそれらが違う文字であれば，その時点で h_i の計算は終了する．したがって，そのような（結果が等しくないとわかる）比較の回数も最大で n である．よって，このアルゴリズムにおける比較回数は最大でも $2n$ である．すなわち，このアルゴリズムは高さ配列を線形時間で計算することができる．

先にも述べたとおり，接尾辞配列は接尾辞木の葉を並べたものである．すなわち接尾辞配列を計算すれば，接尾辞木の葉の並びを計算したことになる．そして，高さ配列の値は隣り合う葉の共通の祖先に相当する節点のラベル（根からその節点までの枝のラベルをつなげたもの）の長さを表している．接尾辞木は，この葉の情報と高さ配列の情報から線形時間で構築することができる．

6.4　文字列圧縮

もう一つ，日常よく用いられる文字列に関する処理として文字列の**圧縮**が挙げられる．圧縮とはデータをより小さい領域に格納することをいう．圧縮には，データの情報量を失わずにデータを小さく格納する**可逆圧縮**とデータの情報量を多少失ってもよい**不可逆圧縮**があるが，通常，文字列を圧縮する際に考えるのは可逆圧縮のみである．本節では文字列の可逆圧縮のアルゴリズムのうち代表的なものを紹介する*11.

6.4.1　情報量とエントロピー

誰しも日常茶飯事に起きる物事についてそれが起きたことを聞いてもあまり驚かないが，非常に珍しい物事が起きたときの驚きは大きい．毎年優勝争いをしているプロ野球チームが優勝するよりも，万年最下位のチームが優勝する方が驚きが大きいのは当然である．このとき，この「驚き」の量を定量化することはできるだろうか？

そもそも，ある事象が発生したという情報を聞いて「驚く」ためには，その事象が「珍しい」かどうかを事前に知っている必要がある．情報理論では，この「何がどれくらい珍しいかどうか」を表すのに，それぞれの事象が起きる確率を仮定したモデルを考える．そしてそのモデルを**情報源モデル**とよぶ．たとえば上のプロ野球の例では，チーム T_i が優勝する確率は p_i であるというようなモデルが考えられる．このとき，「驚きの量」は次の三つの性質を持つべきである．

- その情報を知ったときの「驚きの量」は非負の量をとる．
- より珍しい事象を知った方が「驚きの量」は大きい．
- 互いに独立な二つの事象に関する情報を知ったときの「驚きの量」はそれぞれの「驚きの量」の和となる．

ある事象 X が，ある情報源モデル S の上で起こる確率を $P_S(X)$ として，

$$I_S(X) = -\log P_S(X) \tag{6.18}$$

とおくと，この $I_S(X)$ は「驚きの量」の持つべき上の三つの性質を満たす．情報理論においては，この $I_S(X)$ を情報源モデル S における事象 X の**情報量**とよぶ．さらに，ある情報源モデル S によって事象が生成されたときの情報量の期待値

$$H(S) = \sum_X \{P_S(X) \cdot I_S(X)\} \tag{6.19}$$

を情報源モデル S の**エントロピー**とよぶ．事象の数を m とすると，どの事象 X も等しい確率を持つ，すなわち $P(X) = 1/m$ であるときに $H(S)$ は最大値 $\log m$

*11　本書で紹介するアルゴリズムの他にも様々な圧縮アルゴリズムが存在する．より詳しくは[11]などを見よ．

をとる．これらのことから

$$0 \le H(S) \le \log m \tag{6.20}$$

が成り立つ．

ここで，m 種類の文字からなる長さ n の文字列 T を考える．各文字に対して同じビット数の 0 と 1 のビット列を割り当ててこの文字列を表現すると，各文字に $\lceil \log m \rceil$ ビット必要である．すなわち，この文字列をそのまま格納するには $D(T) = n\lceil \log m \rceil$ ビットの領域が必要である．

一方，各文字 c_i をそれぞれ異なるビット数 ℓ_i のビット列で表現してよい場合を考える．このように文字にビット列を割り当てることを**符号化**とよび，ある文字に割り当てたビット列を**符号語**とよぶ．このとき，各文字に割り当てる符号語はすべて異なる必要がある．また，容易に解読できるようにするためには，ある符号語が他の符号語の接頭辞になっていないことが望ましい．そのような条件を満たす符号語による符号化を**接頭符号**とよぶ．接頭符号の符号語に対してキーワード木を作成すると，**符号木**とよばれる二分木ができる．この二分木の葉はひとつひとつの文字に対応する（図 6.13）．このとき，ある接頭符号における文字 c_i の符号語長 ℓ_i については，必ず

$$\sum_i 2^{-\ell_i} \le 1 \tag{6.21}$$

が満たされる[*12]．また，逆に ℓ_i が式 (6.21) を満たすならば，そのような長さの符号語からなる接頭符号を作成することも可能である．

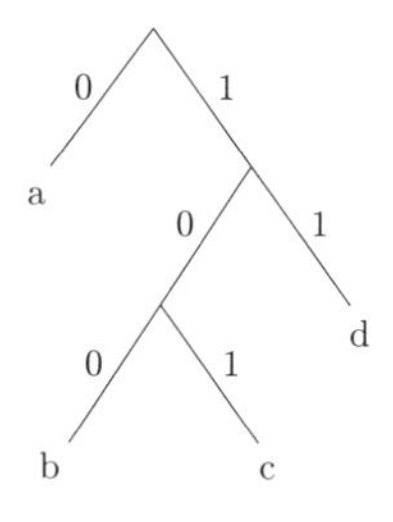

図 6.13　接頭符号 $\{0, 100, 101, 11\}$ の符号木による表現．葉は各接頭符号に対応する．

*12　なお，すべての葉に文字が割り当てられ，一つしか子を持たない内部節点が存在しない場合には等号が満たされる．

このとき，長さ n の文字列 T の各位置における文字 c_i の出現確率が p_i である情報源モデル S を考える．すると，上の符号化における平均符号語長，すなわち，符号語長の期待値は

$$\bar{\ell}(S) = \sum_i p_i \cdot \ell_i \tag{6.22}$$

となる．したがって，上の符号化による文字列 T の表現の長さの期待値は

$$\begin{aligned} L_S(n) &= n \cdot \bar{\ell}(S) \\ &= n \cdot \sum_i p_i \cdot \ell_i \end{aligned} \tag{6.23}$$

である．ここで，g_i $(1 \leq i \leq m)$ を $\sum_i g_i = 1$ を満たす任意の m 個の正実数だとすると，$\sum_i \{-p_i \cdot \log g_i\}$ は，$g_i = p_i$ のときに最小値

$$H(S) = \sum_i \{-p_i \cdot \log p_i\} \tag{6.24}$$

をとる．これはすなわち，

$$\bar{\ell}(S) \geq H(S) \tag{6.25}$$

であり，

$$L_S(n) \geq n \cdot H(S) \tag{6.26}$$

であることを意味する．このことから，このような符号化をどのように頑張っても，平均的には $n \cdot H(S)$ よりも小さな領域に格納することはできないことがわかる．

一方で，もし，$\ell_i = -\log p_i$ となる符号語があるならば，$L_S(n) = n \cdot H(S)$ が成り立つ．$0 \leq H(S) \leq \log m$ であることから，何も考えずに同じ長さの符号でもとの文字列を表したものよりも小さく圧縮できる可能性があることがわかる．ただ，通常 p_i は任意の 1 未満の正の実数をとりうるため，そのような等号の成り立つ符号語の存在は考えにくい．しかし，

$$\ell'_i = \lceil -\log p_i \rceil \tag{6.27}$$

とすると，これは $\sum_i 2^{-\ell'_i} \leq 1$ を満たし，そのような長さの符号は必ず存在する．しかも，その平均符号長は，

$$\bar{\ell}'(S) = \sum_i p_i \cdot \ell'_i$$

$$< 1 + \sum_i p_i \cdot \ell_i$$
$$= 1 + H(S) \tag{6.28}$$

を満たす．すなわち，平均符号長が $H(S)+1$ 未満の符号長が必ず存在する．

以上のことを言い換えると，エントロピー $H(S)$ は，情報源モデル S から出力された情報（文字）を圧縮して格納しようとしたときに平均的にはこれ以上小さくはできないビット数ということができる．このようなことから，エントロピーや情報量の単位として「ビット」が用いられる．なお，ここまで述べてきた情報源モデル，情報量，エントロピーなどの概念は，圧縮だけでなく情報通信など様々な情報の量を扱う際の理論の根幹となる概念である*13.

このように，文字列はうまく表現（圧縮）すると，もとのデータ量よりも小さな領域で，情報を落とすことなく表現できる可能性がある．ただ，現実世界の文字列に情報源モデルが与えられていることはない．そこで，現実の圧縮アルゴリズムは様々な情報源モデルを仮定しつつ，理論のみならず実際の実験などを通してより圧縮効率の高い方法を模索しながら設計される．

6.4.2　Huffman 符号

文字列中の文字を接頭符号により 1 文字ずつ符号化することを考える．このとき，平均符号語長が最小となる符号はどのような符号だろうか．まず，明らかに符号木における内部節点の子節点の数は必ず 2 でないといけない．もし，子節点の数が 1 の節点があれば，それを削除し，その子節点を親節点の子節点として扱うことで，平均符号語長を短くすることができるからである．

ここで，接頭符号の符号木において，節点 q に対して $P(q)$ を q が葉ならば q 自身に対応する文字の出現確率，そうでなければ q の子孫であるすべての葉それぞれに対応する文字の出現確率の和と定義し，$P(q)$ を節点 q の出現確率とよぶこととする．前節の定義を踏襲すると，平均符号語長は $\bar{\ell}(S) = \sum_i p_i \cdot \ell_i$ であるが，符号木の根を除く節点の集合を Q としたとき，

$$\bar{\ell}(S) = \sum_{q \in Q} P(q) \tag{6.29}$$

*13　情報量などの理論についてより詳しくは，情報理論の教科書[13, 14]などを見よ．

とも表すことができる．これは，平均符号語長が最小となる符号においては，任意の二つの節点 p, q について p が q より深い節点だったならば必ず

$$P(p) \leq P(q) \tag{6.30}$$

が成立することを意味する．なぜならば，もし $P(p) > P(q)$ であれば，p 以下の部分木と q 以下の部分木を入れ替えるだけで平均符号語をより小さくすることができるからである．

そして，これらの条件をすべての節点が満たす，すなわち符号木のどの節点の出現確率もそれより深い節点の出現確率より大きいか同じであり，かついずれの内部節点も子節点を 2 個持つ接頭符号に **Huffman**（ハフマン）**符号**がある．Huffman 符号は，あらゆる接頭符号の中で平均符号語長が最小であることが保証された符号である．したがって，その平均符号長 $\bar{\ell}(S)$ は

$$H(S) \leq \bar{\ell}(S) < H(S) + 1 \tag{6.31}$$

を満たす．この Huffman 符号を作成するには，図 6.14 のように単純に出現確率の低い節点から順番に条件を満たすように木を作っていけばよい．この計算は $O(m \log m)$ で可能である．こうして作成された木を **Huffman 木**とよぶ．

Huffman 符号の平均符号長 $\bar{\ell}(S)$ に関する不等式 (6.31) は文字の種類数に関係なく成立する．ここで文字列を符号化する際に，h 個の並んだ文字をまとめて 1 文字だと思うと文字の種類数は m^h となる．そのような h 個の連続した文字を情報源モデル S からそれぞれ独立に出力する情報源モデルを S_h とする．なお，こ

```
1 construct_Huffman_coding() {
2   U ← m 個の文字それぞれに対応させる m 個の葉とする節点の集合;
3   while (|U| ≥ 2) {
4     p, q ← U 中で最も出現確率の低い二つの節点;
5     U から p, q を除去する;
6     p, q を子とする新しい節点 r を作成する;  //0, 1 のラベルは任意に割り当ててよい.
7     U に r を加える;
8   }
9 }
```

図 6.14 Huffman 符号の作成方法．U 中の節点の管理にヒープを用いることで $O(m \log m)$ で計算することができる．

の情報源モデル S_h を h 次**拡大情報源**とよぶ．すると独立の仮定から

$$H(S_h) = h \cdot H(S) \tag{6.32}$$

が成立する．一方，S_h の m^h 種類の文字に対して Huffman 符号を作成すると，その平均符号長 $\bar{\ell}(S_h)$ は

$$H(S_h) \leq \bar{\ell}(S_h) < H(S_h) + 1 \tag{6.33}$$

を満たす．すると，もとの情報源 S の 1 文字あたりの平均符号長 $\bar{\ell}(S_h)/h$ が

$$H(S) \leq \frac{\bar{\ell}(S_h)}{h} < H(S) + \frac{1}{h} \tag{6.34}$$

を満たすことがわかる．これは，h を大きくすればもとの 1 文字あたりの平均符号長を S のエントロピーにいくらでも近づけることができることを意味する．ただし実際には，Huffman 符号では Huffman 木を別途記憶しておく必要がある．h を大きくした場合の Huffman 木のサイズは h に関して指数的に巨大になるため，実用的には h をいくらでも大きくしてよいわけではないことに注意が必要である．

6.4.3　算　術　符　号

もし，ある文字の次の文字の正確に予測することができれば，次の文字を覚える必要はない．なぜならば，予測するだけで文字列中のその文字を復元できるからである．もちろんそのようなことは実際にはできないが，次の文字としてどの文字がどのような確率で出てくるかということを予測することは何らかの方法で可能かもしれない．**算術符号**はそのような予測確率を利用して圧縮を行うアルゴリズムである．

多くの文字列において，ある位置における文字の出現確率はその位置の前のいくつかの文字に特に左右される．たとえば英語では，whe の次の文字として r, e, a, n などが特に高い確率で出現するだろう．多くの文字列では，直前のいくつかの文字を利用してより精度よく次の文字を予測することができる．このとき利用する直前の文字列を**文脈**とよぶ．そして，文脈から次の文字を予測する何らかのモデルを考える．ただし文脈を用いなくとも，Huffman 符号と同様に各文字の出現確率をそのまま各位置での各文字の出現確率だと考えることもできる．以下では，全体の各文字の出現確率をそのまま各位置での文字の出現確率として用いる

にせよ，文脈から予測するにせよ，位置 i において文字 c_j $(1 \leq j \leq |\Sigma|)$ が出現する確率が $p_{i,j}$ と予測されるものとする．

ここで，文字列 $T[1..n]$ に対して $T[i] = c_\ell$ ならば $t_i = \ell$ とおく．また，$P_{i,j} = \sum_{k=1}^{j} p_{i,k}$ とおく（ただし，$P_{i,0} = 0$ とする）．また，これとは別に $a_0 = 0.0$, $b_0 = 1.0$ とする．上の $p_{i,j}$ を用いて，$i = 1$ から順番に $i = n$ まで次の二つの実数 a_i, b_i を考える．

$$a_i = a_{i-1} + P_{i,t_j-1} \cdot (b_{i-1} - a_{i-1}), \tag{6.35}$$

$$b_i = a_{i-1} + P_{i,t_j} \cdot (b_{i-1} - a_{i-1}). \tag{6.36}$$

算術符号では，文字列 $T[1..i]$ が区間 $[0,1]$ の部分区間である $[a_i, b_i)$ に対応していると考える（図 6.15）．そして，区間 $[a_n, b_n)$ 中に含まれる実数の中で 2 進表現で最も短く表現できる実数 f_n を求め，f_n の 2 進表現を文字列 T の圧縮表現として出力する．ただし，そのような実数に対応するもとの文字列は異なる長さのものが無限に存在するため，文字列長 n も別に格納しておく．文字列長 n がわかっているならば，f_n に対して T は一意に決まる．このとき，区間 $[a_i, b_i)$ が必ず $[a_{i-1}, b_{i-1})$ に含まれることを利用すれば，f_n により容易に 1 文字目から順番に文字列 T を復元していくことが可能である．

算術符号において重要な点は，文字列 T に対応する区間 $[a_n, b_n)$ の幅がモデル S におけるその文字列 T の出現確率 $P_S(T)$ となっていることである．そしてこの区間には，必ず $\lceil -\log P_S(T) \rceil$ ビット以下の 2 進小数が含まれるはずである．

もし，Huffman 符号の際に考えたように，文字列中の文字が互いに独立にそれぞれ与えられた出現確率で出現する情報源モデル S から文字列が出力され，算術

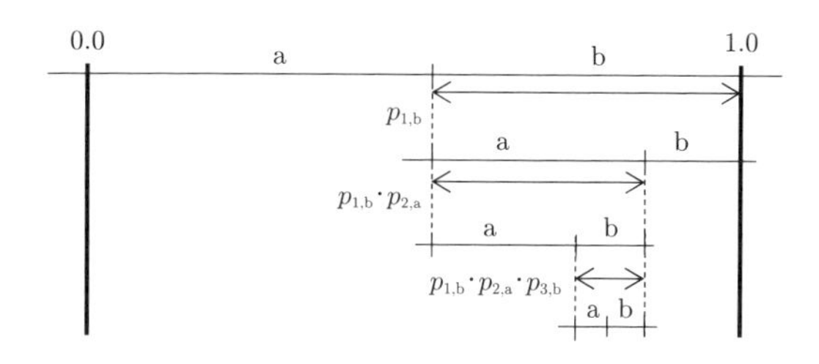

図 6.15　算術符号．文字列に対応する区間の大きさが，与えられたモデルにおけるその文字列の出現確率となっている．

符号の次の文字の予測もその出現確率を用いているならば，長さ n の文字列の算術符号による圧縮長の期待値 L_n は，

$$
\begin{aligned}
L_n(S) &\leq \sum_{|T|=n} P_S(T) \cdot \lceil -\log P_S(T) \rceil \\
&\leq 1 - \sum_{|T|=n} P_S(T) \cdot \log P_S(T) \\
&= n \cdot H(S) + 1
\end{aligned}
\tag{6.37}
$$

を満たす．これは，n が大きければ，L_n/n はほとんど $H(S)$ に近くなることを意味する．

この算術符号は，文脈から次の文字をより正確に予測することができれば，さらに高い圧縮率を目指すことができる．そのような文脈からの文字予測は様々な方法が考えられるため，簡易なものから計算時間はかかるが高い圧縮率を誇るものまで算術符号の様々なバリエーションが存在する[11]．

6.4.4 辞書式圧縮アルゴリズム

Huffman 符号や算術符号は，文字列中の文字の出現確率を考え，それを活かして圧縮するという発想のアルゴリズムである．しかし，それで現実世界の文字列を正確にモデル化できているかというと必ずしもそうではない．たとえば，Huffman 符号で扱える最大の h 次拡大情報源モデルの h よりも長い文字列の繰り返しが存在する場合，Huffman 符号の情報源モデルは文字列を正確にモデル化できているとはいえないだろう．算術符号でも，次の文字の予測を長大な文脈から行うのは困難が伴い，やはり長大な文字列の繰り返しなどを扱うことは困難である．

これに対し，一度出てきた単語がもう一度出てくるような際に，それを明示的に検出することによって圧縮するアルゴリズムのことを辞書式圧縮アルゴリズムという．本節ではそのようなアルゴリズムの一例として，Lempel と Ziv による **LZ77** とよばれるアルゴリズムを紹介する．

辞書を作成するウィンドウサイズ w を $1 \leq w \leq n$ である与えられた整数定数とし，文字列 $T[1..n]$ を圧縮することを考える．ここで，$1 \leq i \leq n$ である i について，$i > w$ ならば $s = i - w$，$i \leq w$ ならば $s = 1$ とする．このとき，$T[i..i+\ell-1]$ と表される T の部分文字列のうち，$T[s..i-1]$ 中に出現する最長

の出現文字列の位置と長さを求め，それぞれを $i-k, \ell$ とする．すなわち，ℓ は $T[i-k..i-k+\ell-1] \equiv T[i..i+\ell-1]$ $(s \le i-k \le i-k+\ell-1 \le i-1)$ を満たす最大の ℓ で，k はそのときの k である．LZ77 では，T の先頭から順番に $T[i..i+\ell-1]$ を整数の組 (k,ℓ) に置き換えていく．ただし，そのような一致文字列がない場合は置き換えは行わない．なお，この LZ77 にも様々なバリエーションが存在する[11]．

6.4.5 ブロックソーティング

6.3.2 節で紹介した接尾辞配列は文字列の全接尾辞を辞書的順序でソートしたものであるが，文字列中に長い共通接頭辞を持つ接尾辞が多数あったならば，それらは接尾辞配列上で固まって現れる．Burrows と Wheeler によって提案された**ブロックソーティング**はこのことを利用した圧縮アルゴリズムである．

ブロックソーティングでは，まず文字列に対し **BW** (Burrows–Wheeler) **変換**という変換を行う．この変換では，まず文字列 $T[1..n]$（$T[n]$ は終端文字 '\$' とする）に対し接尾辞配列 $SA[1..n]$ を作成する．BW 変換では，

$$BW[i] = T[SA[i]-1] \tag{6.38}$$

（ただし，$T[0]=T[n]$ とする）となる文字列 $BW[1..n]$ を作成する（図 6.16）．接尾辞配列は線形時間で作成できるため，$BW[1..n]$ は明らかに線形時間で作成可能であるが，$BW[1..n]$ から T を復元することも線形時間で可能であることが知られている[12]．この文字列 $BW[1..n]$ には同じ文字が固まって現れやすいという性質がある．これは，文字列 $BW[i]$ が接尾辞がソートされたときに i 番目となる接尾辞の 1 文字前の文字である一方で，もし同じ部分文字列が多数あればそれらに対応する接尾辞の 1 文字前の文字も同じ文字であることが多いからである．

ブロックソーティングでは，BW 変換して得られた文字列をさらに MTF (move-to-front) 変換とよばれる変換でさらに別の数列に変換する．MTF 変換では，まず $BW[1..i-1]$ 中に文字 c が出現しているならば，その最後の出現位置を $occ_i(c)$ とし，未出現であれば $occ_i(c)=0$ とする．そして，$occ_i(c)$ の値が降順になるように c をソートした際のランク $mtf_i(c)$ を考える（ただし，未出現の文字に関しては，事前に適当な順序を与えておく）．$BW[i]$ をそのランクで表現し，

$$MTF[i] = mtf_i(BW[i]) \tag{6.39}$$

(1) 接尾辞配列		(2) BW 変換
12：	`$`	`l`
11：	`l$`	`y`
6：	`lmytyl$`	`y`
3：	`ltylmytyl$`	`y`
7：	`mytyl$`	`l`
9：	`tyl$`	`y`
4：	`tylmytyl$`	`l`
1：	`tyltylmytyl$`	`$`
10：	`yl$`	`t`
5：	`ylmytyl$`	`t`
2：	`yltylmytyl$`	`t`
8：	`ytyl$`	`m`

図 6.16　$T =$ “`tyltylmytyl$`” に対する接尾辞配列と BW 変換．BW 変換は接尾辞配列でソートされた各接尾辞の 1 文字前の文字（それがない場合は終端文字`$`）を並べたものである．テキスト文字列が同じ部分文字列を多数持っていた場合には，BW 変換された文字列中において，同じ文字が続けて，あるいは近い場所に出現する傾向がある．

としたものが MTF 変換である．BW 変換の持つ性質から，MTF 変換して得られた数列は，小さな数字が大きな数字よりも出現する可能性が高く，偏りがある．ブロックソーティングでは，最後にこの MTF 変換して得られた文字列 $MTF[1..n]$ に対して Huffman 符号や算術符号などの圧縮アルゴリズムを適用する．

このアルゴリズムは BW 変換やその復号に $O(n)$ のメモリが必要となり，これでは大規模な文字列の圧縮ができない．そこで，文字列を小さなブロックに区切って以上のアルゴリズムを行うことが多く，それがこのアルゴリズムがブロックソーティングとよばれる所以である．

なお，ブロックソーティングで用いる BW 変換を行った文字列は，圧縮の他，接尾辞配列と同様に部分文字列検索などへの応用も持つことが知られている[12]．

7 アルゴリズムの設計戦略

本書では，ここまで様々な基本的なデータ構造に対するアルゴリズムを紹介してきた．この章では視点を変え，アルゴリズムの設計戦略からアルゴリズムを分類し，その中でも特によく用いられる代表的な技法をいくつか紹介する．

7.1 貪　欲　法

5.3.1 節で扱った Dijkstra 法や，5.4.1 節で扱った Kruskal 法，5.4.2 節で扱った Prim 法，あるいは 6.4.2 節で扱った Huffman 符号の作成法などは，いずれも何らかの指標で最もよさそうなものを単純に選ぶことを繰り返すアルゴリズムである．そのようなアルリズムは**貪欲法**あるいは**グリーディーアルゴリズム**とよばれる．問題に対し指標をうまく設計することができれば，貪欲法のような単純なアルゴリズムでも，Dijkstra 法や Kruskal 法などのように最適解を得ることができる場合がある．しかし，問題によっては，最適解を得ることができたとしても繰り返し回数が指数回になって現実的に終わらないこともありうるし，そのような方法では最適解を得ることがそもそもできないこともありうる．

ただ，最適解を得られないからといってそのアルゴリズムが使えないかというと，そうとも限らない．たとえば **NP** 困難問題など，そもそも解くことが難しい問題においては最適解を発見するのはどのような方法を用いてもきわめて難しい．ただ，そのような場合でも，簡単な貪欲法によって発見された解が最適解ではないがそこそこ悪くない解となっている場合もありうる．本節ではそのような例として，次の**ナップサック問題**での貪欲法によるアルゴリズムを考える．

ナップサック問題： n 個の荷物 $\{O_1, O_2, \ldots, O_n\}$ がある．荷物 O_i の重量を w_i，価値を v_i とし，ナップサックに入れられる総重量の上限 C が与えられているものとする．また，すべての荷物 O_i は $w_i \leq C$ を満たすものとする．このとき，容量制約 $\sum_{O_i \in S} w_i \leq C$ を満たし，その総価値 $\sum_{O_i \in S} v_i$ が最大である荷物集合 S を求めよ．

この問題は**NP**困難に属することが知られており[6]，多項式時間でこの解を求める方法は知られていない．しかし，次のような非常に単純な貪欲法を用いて何らかの荷物集合を近似解として作成することはできるだろう．

(1) S を空集合とする．
(2) 単位重量あたりの価値 v_i/w_i が大きい順に荷物をソートする．
(3) 単位重量あたりの価値が高い荷物から順に，その荷物を入れたとしてもまだ容量制約 $\sum_{O_i \in S} w_i \leq C$ が満たされるならばそれを S に入れる．入らないのであればそこで終了とする．

ここで，（アルゴリズムでは計算していない）最適解の総価値を V^{opt} とおく．また，上のステップ (3) の最後で容量制約から入れられなかった荷物を O_ℓ とおく．ここで，上のアルゴリズムで得られた荷物集合 S^{greedy} に O_ℓ を加えた荷物集合 S^+ の重量 W^+ は C より大きい．一方で，荷物の選択方法から，容量制約の上限が C ではなく W^+ であった場合には，明らかに S^+ が最適解である．$W^+ > C$ であるから，容量が C のときの最適解が S^+ の価値より大きくなることはない．したがって

$$V^{greedy} + v_\ell \geq V^{opt} \tag{7.1}$$

が成り立つ．ここで，もし $V^{greedy} \geq v_\ell$ だったならば，

$$\begin{aligned} V^{greedy} &\geq V^{opt} - v_\ell \\ &\geq V^{opt} - V^{greedy} \end{aligned} \tag{7.2}$$

が成り立ち，

$$V^{greedy} \geq \frac{V^{opt}}{2} \tag{7.3}$$

であることがわかる．すなわち，この解法で得られる解が最適解であるとはもちろん限らないが，$V^{greedy} \geq v_\ell$ である場合には，最適解の 1/2 以上の価値を持った荷物集合を得られることがわかる．

ただ，もし $V^{greedy} < v_\ell$ であれば，S を $\{O_\ell\}$ に置き換えるだけで，荷物は一つしか入っていないがより価値の高い荷物集合が得られるだろう．さらにいうと，最大の価値の荷物を O^{max}，その価値を v^{max} とすると $v^{max} \geq v_\ell$ なので，S を $\{O_\ell\}$ ではなく $\{O^{max}\}$ に置き換えた方がさらに価値が高い荷物集合となる．また，$V^{greedy} \geq v_\ell$ であっても，$V^{greedy} < v^{max}$ ならばやはり S を $\{O^{max}\}$ に置

き換えた方がよいだろう．そこで，このアルゴリズムの後ろに次の手続きを追加してみる．

(4) ここまでで得られた解 S の総価値 V^{greedy} について $V^{greedy} \geq v^{max}$ が成り立つならば S^{greedy} を解とし，そうでない場合は $S = \{O^{max}\}$ を解とする．

このとき，$V^{greedy} < v^{\ell}$ ならば必ず $V^{greedy} < v^{max}$ であり，さらに

$$\begin{aligned} V^{opt} &\leq V^{greedy} + v_{\ell} \\ &\leq V^{greedy} + v^{max} \\ &< 2 \cdot v^{max} \end{aligned} \tag{7.4}$$

が成り立つ．よって，$V^{greedy} < v^{\ell}$ である場合，

$$v^{max} > \frac{V^{opt}}{2} \tag{7.5}$$

である．すなわち，このアルゴリズムは，ステップ (4) を加えたことで，いずれの場合でも最適解の 1/2 以上の価値の荷物をナップサックに入れることができるようになった．なお，このときこのアルゴリズムの**近似比**は 2 であるという．

このように，貪欲法は非常に単純なアルゴリズム設計戦略であるが，設計次第で様々な有用なアルゴリズムを生み出すことが可能である．

7.2 動的計画法

問題を多数の（ほぼ同じ）部分問題に分割し，それまでに解いた部分問題の結果を表などで管理しておき，それらの結果を活用しながら次の部分問題を解くことを繰り返して最終的に最適解に辿り着くように設計されたアルゴリズムのことを**動的計画法**とよぶ．3.6 節で扱った基数ソートや，5.3.2 節で扱った Bellman–Ford 法，5.3.3 節で扱った Floyd–Warshall 法，6.1.5 節で扱った shift-or アルゴリズム，6.2.2 節で扱ったアラインメントを計算するアルゴリズムなどはいずれも動的計画法である．

動的計画法を用いるには問題がそのような計算法に合うように構造化できる必要があり，問題によってはそのままでは動的計画法の適用は難しい．しかし問題を少し制限することで適用が可能となる場合もある．7.1 節でも扱ったナップサッ

ク問題は **NP** 困難問題であり，多項式時間で最適解を求めるアルゴリズムは知られていない．しかしながら，問題中の各荷物 O_i の重量 w_i が正の整数で，ナップサックの容量制約 C が十分小さい整数であれば，以下に述べるように動的計画法を用いて効率的に最適解を計算することが可能である．

$S_i = \{O_1, O_2, \ldots, O_i\}$ $(1 \leq i \leq n)$ とおき，容量制約が c（$1 \leq c \leq C$，c は整数）であるナップサックに入れることのできる S_i の部分集合の総価値の最大値を $V^{opt}(i, c)$ とおく．ここで，任意の c に対し $V^{opt}(0, c) = 0$ と定義すると，$c > w_i$ のとき

$$V^{opt}(i, c) = \max\{V^{opt}(i-1, c), w_i + V^{opt}(i-1, c-w_i)\} \tag{7.6}$$

が成り立ち，$c \leq w_i$ ならば

$$V^{opt}(i, c) = V^{opt}(i-1, c) \tag{7.7}$$

が成り立つ．

よって，$i = 1$ から i を 1 ずつ大きくしながら，その i に対してすべての c $(1 \leq c \leq C)$ に対する $V^{opt}(i, c)$ を求めるという動的計画法によって，$V^{opt}(n, C)$ を $O(n \cdot C)$ で計算することができる．C が十分小さな整数であれば，これは問題なく計算できる計算量である．

7.3　分割統治法

分割統治法は，解きたい問題をいくつかの部分問題に分解し，それらの部分問題を再帰的に分解しながら解く方法の総称である．貪欲法や動的計画法がうまく順序立てて計算するいわばボトムアップの計算技法であるのに対し，分割統治法はトップダウン的な計算技法である．3.3 節で扱ったクイックソートや 3.4 節で扱ったマージソートはこの分割統治法である．

分割統治法で特筆すべきことはその計算量である．分割統治法で大きさ n の問題を解く場合，問題を何らかの方法で k 個の大きさ n/c $(c > 1)$ の小問題に分割し，それぞれの小問題を再帰的に（すなわち，小問題それぞれについて，さらに k 個の大きさ n/c^2 の問題に分割し，ということを繰り返すことになる）解いた後，それらの小問題の計算結果を $g(n)$ 時間で処理することによってもとの問題の解を得る．ただし，k, c は n に関係のない定数であるとする．このとき，大きさ n の

問題を解く計算時間を $f(n)$ とすると，

$$f(n) = k \cdot f(n/c) + g(n) \tag{7.8}$$

と帰納的に書くことができる．全体の計算量 $f(n)$ は k と c の値，$g(n)$ の計算量によって様々に変化する．たとえば $k/c = 1$，$g(n) = O(n)$ ならば $f(n) = O(n \log n)$ となる．マージソートが $O(n \log n)$ で可能なのは，$k = 2$，$c = 2$，$g(n) = O(n)$ であるからである．しかし同じように $g(n) = O(n)$ であっても，$k/c < 1$ ならば $g(n) = O(n)$ となり，$k/c > 1$ ならば $f(n) = O(n^{\log_c k})$ となる．あるいは，$k/c = 1$ の場合でも，$g(n) = O(n^2)$ ならば $\log n$ の項は不要で $f(n) = O(n^2)$ になる．

またさらに一般化して，c_i を $c_i > 1$ $(1 \leq i \leq \ell)$ を満たす n に関係のない定数だとして，

$$f(n) = g(n) + \sum_{i=1}^{\ell} f(\frac{n}{c_i}) \tag{7.9}$$

のように表せる場合でも，$g(n) = O(n)$ のとき，$\sum_{i=1}^{\ell}\{1/c_i\} = 1$ ならば $f(n) = O(n \log n)$，$\sum_{i=1}^{\ell}\{1/c_i\} < 1$ ならば $f(n) = O(n)$ がいえる．

ここで，与えられた大きさ n の数列の中から p 番目に小さな値を探す問題を考える．ヒープを用いれば，$O(n + p \log n)$ でこれを解くことができるだろう．p が十分に小さいならばこれは効率的なアルゴリズムである．しかし，中央値を求めたい場合など $p = O(n)$ となってしまうときには，これは $O(n \log n)$ となる．これに対し以下では，分割統治法を活用することによって，どのような p に対してでも $O(n)$ で探し出すアルゴリズム*1を紹介する（図 7.1）．

このアルゴリズムは問題を解くにあたり，より小さな問題をいくつか呼び出している．まず 4 行目で大きさが定数 $(n = 5)$ の小問題を $\lceil n/5 \rceil$ 個呼び出しているが，これはそれぞれ大きさが定数の問題であるため全体でも $O(n)$ の計算量で計算可能である．さらに 5 行目で，その結果をもとに $\lceil n/5 \rceil$ 個の小問題を作成しそれを解いている．さらにその後，9 行目あるいは 10 行目において 6 行目および 7 行目で作成した部分集合 S または L に対して小問題を解く．このとき，このアルゴリズムをよく観察すると，$|S|$ も $|L|$ もいずれも $7n/10$ 以下であることが保証さ

*1 このアルゴリズムは，Blum, Floyd, Pratt, Rivest, Tarjan によって提案されたため，BFPRT アルゴリズムとよばれている．

```
 1  select(p, A[1..n]) {
 2    もし n が十分小さければ，ナイーブに p 番目の値を求め，終了;
 3    A[1..n] をそれぞれ 5 個以下の整数からなる m = ⌈n/5⌉ 個の数列
        A_1, A_2, ..., A_m に分割する;
 4    for (i = 1 から m まで) { b_i ← select(⌈|A_i|/2⌉, A_i); }
 5    b ← select(⌈m/2⌉, {b_1, b_2, ..., b_m});
 6    S ← A[1..n] の中で b より小さい数からなる集合;
 7    L ← A[1..n] の中で b より大きい数からなる集合;
 8    if (|S| = p − 1) { b を返す; }
 9    if (|S| ≥ p) { select(p, S) を返す; }
10    else { select(p − |S| − 1, L) を返す; }
11  }
```

図 7.1　p 番目に小さな値を求める線形時間アルゴリズム．簡単のため，入力数列 $A[1..n]$ は同じ数字を含まないものとする．

れている．5, 9, 10 行目において小問題を解く以外の計算はすべて $O(n)$ で可能である．したがって，このアルゴリズムの計算量を $f(n)$ とおくと，

$$f(n) = f(n/5) + f(7n/10) + O(n) \tag{7.10}$$

と帰納的に書くことができ，$1/5 + 7/10 < 1$ であることから $f(n)$ が $O(n)$ であることがわかる．すなわちこのアルゴリズムは，たとえ中央値を求める問題のように $p = O(n)$ であっても，p 番目に小さな値を線形時間で計算することができる．

7.4　乱択アルゴリズム

確率的な挙動を用いるアルゴリズムのことを**乱択アルゴリズム**とよぶ*2．そのうち，確率的な挙動をしながらも必ず正しい解を得られるアルゴリズムのことを**ラスベガス法**，高い確率で正しい解（あるいはそれに近い解）を出すが間違う可能性があるようなアルゴリズムのことを**モンテカルロ法**とよぶ．

3.3 節で扱ったクイックソートではピボットを選ぶ必要があった．このとき先頭の要素をこのピボットに選んだとしても，入力がランダムな数列であればアルゴリズムの平均性能は $O(n \log n)$ であることがいえる．しかし，もし数列がすでにソートされているかそれに近いようなものであれば，このようなピボットの選び

*2　乱択アルゴリズムについては[15–17]などに詳しい．

方では $O(n^2)$ の計算時間になってしまうため，そのようなピボット選択は万能ではない．それに対し 3.3 節ではピボットをランダムに選び，それによって正解を維持したまま平均性能 $O(n \log n)$ を実現している．すなわちクイックソートはラスベガス法である．

ここで 3.3 節でも述べたように，中央値をクイックソートのピボットの選択として用いることにすればアルゴリズムの確率的挙動はなくなる．中央値は 7.3 節のアルゴリズムを用いれば線形時間で見つけることができるため，クイックソートの最悪計算時間を先ほどの平均計算量と同じ $O(n \log n)$ に改善できる．このように乱択アルゴリズムを改変し，（なるべく）計算量を犠牲にせずに確率的要素をなくしたアルゴリズムを設計することを**脱乱択化**とよぶ．

一方，モンテカルロ法の有名なアルゴリズムとしては，たとえば，素数かどうかを検定する **Miller–Rabin**（ミラー–ラビン）**アルゴリズム**を挙げることができる．このアルゴリズムは，与えられた数が素数ならば必ず正しく素数であると判定するが，合成数（素数でない 2 以上の整数）が入力された場合には誤って素数であると判定する可能性があるアルゴリズムである．もちろん，すべての入力に対して「素数である」と回答すればそのようなことは可能であるが，意味のあるアルゴリズムであるとはいえない．これに対し Miller–Rabin アルゴリズムでは，合成数を誤って素数であると判定する確率が 1/4 以下であることがわかっている．そして，このアルゴリズムを繰り返すことで，誤って合成数を素数であると判定する確率をいくらでも下げることが可能である．たとえばこのアルゴリズムを 100 回繰り返すだけで，誤り確率を $1/4^{100}$ にまで減らすことも可能である．なお，このアルゴリズムのように，何らかの正誤を判定する問題に対し，真あるいは偽のいずれか一方についてのみ正しく判定し，もう一方については確率的に判定を行うアルゴリズムのことを，片側誤りアルゴリズムという．これに対し，真偽いずれの側も確率的に判定を行うアルゴリズムは両側誤りアルゴリズムとよばれる．

Miller–Rabin アルゴリズムは，次の **Fermat の小定理**とよばれる定理をもととしている[*3]．

*3 Fermat の小定理の証明は[7, 18]などを見るとよい．

定理 7.1 (Fermat の小定理) n が素数であれば，すべての整数 x に対し

$$x^n \equiv x \pmod{n} \tag{7.11}$$

が成り立つ．

この Fermat の小定理は，次のように言い換えることが可能である．

系 7.1 n が素数であれば，すべての整数 x（$0 < x < n$）に対し

$$x^{n-1} \equiv 1 \pmod{n} \tag{7.12}$$

が成り立つ．

ここで，もし素数 n に対し $x^2 \equiv 1 \pmod{n}$ ならば,

$$x^2 - 1 = (x+1)(x-1) \equiv 0 \pmod{n} \tag{7.13}$$

であるため，$x \equiv 1 \pmod{n}$ または $x \equiv -1 \pmod{n}$ が成り立つ．このことから次の系も成り立つ．

系 7.2 素数 n に対し，整数 k と奇数 d を $n-1 = 2^k \cdot d$ を満たす k, d とする．このとき，いかなる整数 x $(0 < x < n)$ に対しても

$$x^d \equiv 1 \pmod{n} \tag{7.14}$$

であるか，そうでない場合は $0 \leq i < k$ である i のいずれかが

$$2^i \cdot d \equiv -1 \pmod{n} \tag{7.15}$$

を満たす．

Miller–Rabin アルゴリズムは，素数かどうか判定したい整数 n に対し $1 < x < n$ の中からランダムに整数 x を選び，その n と x の組が系 7.2 の条件を満たすかどうかを調べる．これは n の桁数を m として，ナイーブなアルゴリズムでも $O(m^3)$ で検査可能である．このとき，どのような合成数 n に対しても，$1 < x < n$ なる整数 x のうち系 7.2 の条件を満たす整数は $n/4$ 個以下しかないことが知られている[18]．すなわち，このアルゴリズムが合成数を誤って素数と判定する確率は $1/4$ 以下である．そして，x を選びなおして検定を何度も行えば，この誤り確率はい

くらでも小さくすることが可能である．なお，この素数判定問題については，確率的挙動なしに多項式時間で正解を計算できる決定的アルゴリズムもいくつか存在する．しかしながら，Miller–Rabin アルゴリズムは，それらと比べて非常に高速で実用的なアルゴリズムであることが知られている．

モンテカルロ法を用いることができる他の例には数値積分なども挙げられる．たとえば $-1 \leq a \leq b \leq 1$ である a, b に対し，

$$\int_{x=a}^{b} \sqrt{1-x^2}\, dx \tag{7.16}$$

を求めたかったとする．このとき，区間 $[a,b]$ 中の一様乱数 x_i と区間 $[0,1]$ 中の一様乱数 y_i の組 (x_i, y_i) を n 組生成する $(1 \leq i \leq n)$．このとき，$x_i^2 + y_i^2 \leq 1$ を満たす組の数が m だったとすると，n が十分大きい場合には $(b-a) \cdot m/n$ を式 (7.16) の近似値として扱うことができる．モンテカルロ法を用いた数値積分は解析的な扱いの難しい複雑な関数であっても可能であるため，高次元における複雑な関数の積分などでは特に有用な方法になりうることが知られている．

7.5 数理計画法

本書でここまで扱った問題のうちの多くは，集合 $\mathcal{F}$ から実数への関数 $f : \mathcal{F} \to \mathbb{R}$（あるいは整数への関数 $f : \mathcal{F} \to \mathbb{Z}$）で表される目的関数を最小化する $\mathcal{F}$ 中の最適解

$$\operatorname*{arg\,min}_{x \in \mathcal{F}} f(x) \tag{7.17}$$

を求める問題として定式化できる[*4]．このような問題のことを**最適化**問題という．たとえば，5.3 節で扱った最短路問題，5.4 節で扱った最小全域木問題，5.5 節で扱った最大流問題，7.1 節で扱ったナップサック問題などは，すべてこのような定式化が可能な最適化問題である．このとき，$\mathcal{F}$ を**実行可能領域**，$x \in \mathcal{F}$ を**実行可能解**あるいは単に**解**とよぶ．

また，集合 $\mathcal{F}$ を数式による制約の集合で表現することができることがある．**数理計画法**とは，解きたい問題の実行可能領域と目的関数を数式として表現し，その数式を利用しながら最適解もしくはそれに近い解を求めるための方法論一般の

*4 最小化ではなく最大化としてもよい．両者は目的関数の符号が逆なだけであり本質的には大きな違いはない．

ことをいう[*5]，本書では個々の解法などを扱うことはしないが，様々な種類の数理計画問題が存在し，それらの解を得るための様々な理論や技法，ツールなどが幅広く存在する．

数理計画法では，まず，解きたい問題を次の式のように数式で定式化する．

$$\begin{aligned} &\text{目的関数} \quad && f(x) \to \text{最小化} \\ &\text{制約条件} \quad && g_i(x) \le 0 \qquad (1 \le i \le m), \\ & && x \in \mathbb{X}. \end{aligned} \tag{7.18}$$

ここで，$f(x), g_i(x)$ は何らかの変数集合 $\mathbb{X}$（実数 $\mathbb{R}$ や整数 $\mathbb{Z}$ など）上の関数である[*6]．

数理計画問題は，問題によっては解析的に最適解を求めることが可能である．たとえば，$\mathbb{R}$ を実数集合として，

$$\begin{aligned} &\text{目的関数} \quad && x + y \to \text{最小化} \\ &\text{制約条件} \quad && x^2 + y^2 - 1 \le 0, \\ & && x, y \in \mathbb{R}, \end{aligned} \tag{7.19}$$

という問題であれば，$x = y = -\sqrt{2}/2$ という最適解を解析的に得ることができる．しかし，そのようなケースは非常にまれで，多くの数理計画問題は解析的には最適解を得ることはできないだろう．しかし一方で，目的関数や制約条件がある一定のクラスに属するならば，効率よく最適解を計算できる場合があることが知られている．

特に $f(x)$ や $g(x)$ が線形関数で x が $\mathbb{R}^n$ の実数ベクトルである場合には，この問題は $m \times n$ 行列 $A \in \mathbb{R}^{m \times n}$，$m$ 次元実数ベクトル $b \in \mathbb{R}^m$，n 次元実数ベクトル $c \in \mathbb{R}^n$ を用いて次のように表現でき，線形計画問題とよばれる．

$$\begin{aligned} &\text{目的関数} \quad && c^T x \to \text{最小化} \\ &\text{制約条件} \quad && A \cdot x - b \le o, \\ & && x \in \mathbb{R}^n. \end{aligned} \tag{7.20}$$

*5　数理計画法の理論については[19, 20]などに詳しい．

*6　なお，式 (7.18) は，$g(x) = 0$ といった等式による制約式も $g(x) \le 0$，$-g(x) \le 0$ という二つの式によって表現することができる．

なお，o は零ベクトルを表す．また二つのベクトル $p, q \in \mathbb{R}^m$ に対しすべての i に関してそれぞれの i 番目の要素 p_i, q_i が $p_i \leq q_i$ を満たすとき，$p \leq q$ と書くものとする．線形計画問題の最適解を得る方法論のことを**線形計画法**とよぶ．本書では触れないが，線形計画問題は内点法や楕円体法とよばれるアルゴリズムなどを用いて多項式時間で計算できることが知られている[19, 20]．

また，同じく $f(x)$ や $g(x)$ が線形関数で，しかし，x が $\mathbb{Z}^n$ の整数ベクトルである場合の問題：

$$
\begin{aligned}
\text{目的関数} \qquad & c^T x \to \text{最小化} \\
\text{制約条件} \qquad & A \cdot x - b \leq o, \\
& x \in \mathbb{Z}^n
\end{aligned}
\tag{7.21}
$$

は整数計画問題とよばれ，そのような問題の最適解を計算する方法論は**整数計画法**とよばれる．整数計画問題を効率的に多項式時間で計算するアルゴリズムは知られていないが，式や変数の数によっては比較的高速に最適解を得ることができることが知られており，最適解（や準最適解）を得るための様々な商用・非商用パッケージが存在する．

整数計画問題の例として 7.1 節で扱ったナップサック問題を挙げる．この問題は次のように表現することができる．

$$
\begin{aligned}
\text{目的関数} \qquad & -\sum_{i=1}^{n} h_i \cdot v_i \to \text{最小化} \\
\text{制約条件} \qquad & \sum_{i=1}^{n} h_i \cdot w_i \leq C, \\
& h_i \in \{0, 1\} \qquad (1 \leq i \leq n).
\end{aligned}
\tag{7.22}
$$

この表現では，重さ w_i，価値 v_i の荷物 O_i を容量 C のナップサックに入れるならば $h_i = 1$，入れないならば $h_i = 0$ を割り当てている．可能な割り当て（実行可能解）の中でナップサック中の荷物の総価値を最大化する解を見つける問題がナップサック問題であるが，この表現では符号を反転して最小化問題としている．ただ，このような数式で問題を表現したからといって問題が突然やさしくなるわけではもちろんない．特にこのナップサック問題は **NP** 困難問題であることが知られており，一般的な場合にこれを多項式時間で計算する方法は知られていない．

なお，一般的に最適化問題の数理計画問題への定式化は一意ではないことが多い．一方，定式化によってその計算時間が大幅に異なる場合がある．そのため，数理計画法で最適化問題の解を求める場合には，どのような定式化が良いかを十分検討する必要がある．

8 組合せ最適化

最適化問題の中で，実行可能領域 $\mathcal{F}$ が有限個あるいは可算無限個の離散集合からなる場合の最適化問題は，**組合せ最適化**問題あるいは**離散最適化**問題とよばれる．これに対し，実行可能領域 $\mathcal{F}$ が実数ベクトルなど連続値をとるような最適化問題は**連続最適化**問題とよばれる．5.3 節で扱った最短路問題，5.4 節で扱った最小全域木問題，7.1 節で扱ったナップサック問題，7.5 節で紹介した整数計画問題などはいずれも組合せ最適化問題であるといえる．

このうち最短路問題や最小全域木問題などの問題では，その問題の性質をうまく用いて効率よく最適解を得ることができた．しかし，多くの問題において，そのような問題特有の解法を見つけることは容易ではない[*1]．その一方で，組合せ最適解化問題の実行可能解は何らかの離散構造をとることが多いため，そのことを利用した特徴的な汎用アルゴリズム戦略がいくつか存在する．そこで，本章では組合せ最適化問題において解を探索するための代表的な技法として，分枝限定法とメタヒューリスティックを紹介する．

8.1 分枝限定法

ある組合せ最適化問題の実行可能領域を $\mathcal{F}$ とする．やりたいことは $\mathcal{F}$ の中から最適化指標となる目的関数が最小（あるいは最大）となる最適解あるいはそれに近い準最適解を求めることであるが，問題が大きすぎて一度に解けない場合がある．そのようなときに，実行可能領域 $\mathcal{F}$ を何らかの方法で $\mathcal{F} = \mathcal{F}_1 \cup \mathcal{F}_2 \cup \cdots$ となるような部分集合 $\mathcal{F}_1$, $\mathcal{F}_2$, ... に分割して，それぞれを別々に解くことが考えられる．このような操作を**分枝操作**とよぶ．ただし，実行可能領域の大きさ $|\mathcal{F}|$ は，たとえ有限であったとしても通常はきわめて大きく，多くの場合，それらをすべて明示的に管理することは不可能である．したがって，実行可能領域の分割は明示的ではなく非明示的に考える必要がある．

*1 組合せ最適化に関する専門書[19, 21]などには，多岐にわたる様々な組合せ最適化問題とその解法が紹介されている．

分枝操作は再帰的に考えることも可能である．すなわち，$\mathcal{F}_i$ をさらに $\mathcal{F}_{i,1}$, $\mathcal{F}_{i,2}$, ... に分割するというようなことである．再帰的な分枝操作は木として表現できる．そして，その木の上で最適解あるいはそれに近い解を探索していくことになる．そのような木は**分枝木**とよばれる．なお，分割した実行可能解集合は互いに素（共通実行可能解がない）であることが望ましいが，それが難しい場合は必ずしもそうである必要はない．

分枝操作の例として，7.1 節で扱ったナップサック問題での例を考えてみる．この問題は，n 個の荷物 $\{O_1, O_2, \ldots, O_n\}$ の中からいくつかを選んで総価値が最も高くなるようにナップサックに入れる問題であった．この問題では，総重量上限 C の条件を無視すると，それぞれの荷物を選ぶか選ばないかの組み合わせで $2^n - 1$ 通りの実行可能解からなる実行可能領域 $\mathcal{S}$ から総価値が最大となる最適解を探すことになる（この場合，容量制限を満たさない解の総価値は $-\infty$ などと考える）．このとき $\mathcal{S}$ は，荷物 O_1 を含む 2^{n-1} 個の解からなる集合 $\mathcal{S}_1$ と荷物 O_1 を含まない $2^{n-1} - 1$ 個の解からなる集合 $\mathcal{S}_2$ に分割することができるだろう．さらに $\mathcal{S}_1$ や $\mathcal{S}_2$ に対しても，その中に O_2 を含むかどうかでさらに二つに分割するといったことが可能である．そして，分割前のサイズでは最適解を求めることができなかったとしても，分割後であればより小さい問題になっているため，何らかの方法で最適解を求めることができる可能性がある．

ある最適化問題を分割して得られた各部分実行可能解集合 $\mathcal{F}'$ について，$\mathcal{F}'$ に含まれる実行可能解中の最良解[*2]の最適化指標の何らかの上限と下限が，問題や分枝操作の設計によっては簡単に得られる場合がある．たとえば，上のナップサック問題の例であれば，荷物 O_1 が含まれる解の集合 $\mathcal{S}_1$ の中のいずれの解の総価値も O_1 の価値 v_1 を下回ることはない．一方，$r = \max_{i \neq 1}\{v_i/w_i\}$ とおくと，$\mathcal{S}_1$ の中のいずれの解の総価値も $v_1 + (C - w_1) \cdot r$ を超えることはない．

以下では最適化指標が最小の解を求める最小化問題を考える．ここで，$\mathcal{F}'$ を探索する以前に，いくつかの実行可能解集合に対して，それぞれの集合中の最良解の値または最良解の上限が得られていたとする．それらの値のうちの最小値を h^+ とおく．もしこのとき，$\mathcal{F}'$ 中の最良解の下限 h^- が得られたとして，もし $h^- > h^+$ であったならば，その場合に欲しい最適解（最適化指標が最小のもの）が $\mathcal{F}'$ に含まれないことが明らかであり，$\mathcal{F}'$ についてこれ以上は探索・計算する必要はな

*2　本書では，部分実行可能解集合中の最適解のことを最良解とよぶものとする．

い（図 8.1）．このようにして分枝操作した後，計算を進める必要のない実行可能解集合に対応する節点とその子孫を無視することによって解の探索を効率化する手法のことを**分枝限定法**という．なお，どのような探索順の探索においても各節点に対し最良解の上限と下限を求めることができるならばこの分枝限定法を用いることができる．

他の探索順序としては，**均一コスト探索**とよばれる方法が挙げられる．この方法は，分枝木の各枝に適切な非負の長さを与えたときに，葉の最良解の最適化指標の値が根からその葉までのパス長（枝長の和）とできる場合に用いることが可能である．均一コスト探索では，根からのパス長の短い順，すなわち 5.3.1 節で紹介した Dijkstra 法と同じ順序で探索する．木のサイズを N とおくと，計算量は Dijkstra 法と同様にヒープを用いて $O(N \log N)$ となる[*3]．

さらに，このとき各節点からその節点の最良解に対応する葉までのパス長の適切な評価値を得ることができるならば，すべての葉を一つの終点だと（仮想的に）考えることによって，5.3.5 節で紹介した **A*アルゴリズム**も利用できる．ただし，正しい解を計算できるためには，A*アルゴリズムが最短路を正しく求めることができるための条件式を満たす必要がある[*4]．

また，解の最適化指標をそのようなパス長で表すことが困難であっても，各節

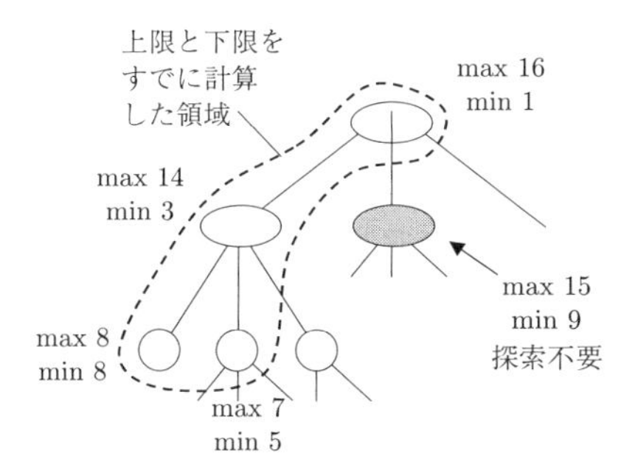

図 8.1 分枝限定法．すでに探索している節点の上限のうち最小のものは 7 であるので，新たな節点の下限がそれよりも大きいならば，その節点およびその子孫は探索不要である．

---

*3 この場合，枝数，辺数ともに $O(N)$ であり，二分ヒープ，Fibonacci ヒープのいずれをヒープとして用いてもこの計算量を達成できる．

*4 均一コスト探索は評価値が定数であるときの A*アルゴリズムと考えることができる．

点における最良解の下限を求めることができるならば，以下のようにしてA*アルゴリズムを用いることが可能である．分枝木の各枝長を0とする．さらに，端点 t を別に（仮想的に）用意し，各葉から t へ，長さがその葉における最良解の値となっている新たな辺を作成して得られるグラフ G を考える．すると，分枝木において最適解を探索することは，グラフ G において分枝木の根であった節点 s から終点 t への最短路を求めることに相当する．一方，各節点における下限がその親節点の下限以上になっていれば（これはすでに述べたように，そのようにすることが自明に可能である），この下限値をグラフ G 上における s から t への最短路を求める際のA*アルゴリズムの評価値として考えると，この評価値はA*アルゴリズムが最短路を正しく求めることができるための条件式 (5.6) を満たす．よって，G 上においてこの下限値に基づきA*アルゴリズムを用いれば，s から t への最短路，すなわちもとの分枝木における最適解を正しく求めることが可能である．なおこのA*アルゴリズムの動作は，分枝木上では，単に最良解の下限が小さな節点から順に探索していくことに相当する[*5]．

いずれのA*アルゴリズムを用いるにせよ，分枝木の節点数を N とすれば計算量は均一コスト探索と同じ $O(N \log N)$ である．これは，幅優先探索や深さ優先探索などと比べて大きな理論計算量であるが，分枝木の各節点における下限値が実際の最良解に十分近い値になっていれば，実際の計算時間が大幅に削減される可能性がある．

なお，各節点において最良解の上限を求めることができたとしても，A*アルゴリズムにおいては，分枝限定法の枝刈りはせずとも，枝刈りされる可能性のある節点が探索されることはない．しかし，次に訪問する節点の候補からなるヒープ中には枝刈りされうる節点が含まれる可能性がある．そのため，それをヒープに入れないようにすることで，ヒープの大きさをある程度抑えることができる可能性がある[*6]．特に分枝木の各節点の持つ子節点の数が非常に大きい場合などには，大きな省メモリ効果がある場合があることが知られている．

*5　均一コスト探索では根からのパス長がその節点における自明な最良解の下限となっているため，均一コスト探索はこちらのA*アルゴリズムの一種でもある．

*6　図5.6のA*アルゴリズムの擬似コードでいえば，9行目の「w の未訪問の隣接頂点」が分枝限定法において枝刈りされるような節点である可能性がある．その場合，それらの節点については10–13行目の処理を行う必要はなく，それらの処理を省くことができる．

8.2 メタヒューリスティック

組合せ最適化問題の多くにおいて，最適解を求めることは非常な困難をともなう．その一方で，実行可能解の一つひとつについては，その目的関数の値（評価値）がどの程度良いものかを確かめることは容易であることが多い．さらに，多くの問題においては実行可能解は何らかの離散的な組み合わせで表現されるため，その一部を組み替えるなどで異なる実行可能解を生成することも容易であることが多い．これらの性質を利用して解を次々に生成し，より良い解をヒューリスティックに探索していく方法を**メタヒューリスティック**とよぶ．この節ではその中でも代表的な手法をいくつか紹介する[*7]．

8.2.1 局所探索

目的関数 $f(x)$ を最小化する x，それが難しいならばなるべく小さな $f(x)$ の値を持つ x を見つけたいという組合せ最適化問題において，ある実行可能解 x からその一部を何らかの方法で組み替えるなどして別の実行可能解集合 $\mathcal{N}(x)$ を容易に生成できるものとする．このようにして作成できる実行可能解集合を解 x の**近傍**とよぶ．なお，実行可能解 x の目的関数 $f(x)$ は容易に計算できるものとする．

まず最初に何らかの方法で初期解 x を生成したとする．するとうまく近傍を設計すれば x の近傍の中において x より良い解 x' を見つけることができるかもしれない．そしてさらに，x' の近傍の中からさらに良い解を探すといったことを繰り返し行えば，解を次々に改善できる可能性もある．初期解から，このような改善をより良い解が新たに得られなくなるまで繰り返して探索するアルゴリズムを一般的に**局所探索**とよぶ（図 8.2）．このとき局所探索で発見した解は**局所解**とよばれる．なお，局所探索は 7.1 節で述べた貪欲法の一種である．

局所解は局所探索によってはもう改善できない解であるが，ほとんどの場合には最適解であることは保証されない．その一方で，近傍を得る方法は一つではなく，局所探索においては解の近傍をどのように設計するかが局所解の良し悪しや計算の効率を左右する．また，局所探索を改良した手法も様々なものが提案されている．一つの方法は，複数の初期解から計算を開始しその中で最も良い解を選択するという単純な手法で，マルチスタート局所探索法とよばれる．その他にも

*7 メタヒューリスティックの様々な手法については[22]に詳しい．

```
1  local_search(初期解 s) {
2    x ← s;
3    while (f(y) < f(x) となる y ∈ N(x) が存在する) {
4      x ← y;
5    }
6    x を返す;
7  }
```

図 8.2　局所探索．f は最小化したい目的関数．$\mathcal{N}(x)$ は x の近傍．

様々な局所探索のバリエーションがあるが，次節以降ではその中でも代表的なものをいくつか紹介する．

8.2.2　焼きなまし法

局所探索の欠点として，最適解とは程遠いような局所解に陥りやすいことが挙げられる．これを改善する方法の一つに**焼きなまし法**とよばれる手法がある．この手法では，局所探索する際に，近傍の解のうち目的関数の値が改良されない場合でもいくらかの確率でその解への移行を許し，それによって局所解にすぐ落ち込むことを防ぐ．ただ，その確率がずっと大きいままだと単にランダムに解を変更しているのとあまり変わらない．そこで，探索を進めるにつれてその確率を下げていくようにする（図 8.3）．焼きなまし法という名称は，金属工学における，

```
 1  simulated_annealing(初期解 s) {
 2    x ← s, t ← 適当な初期温度;
 3    for(i = 1 から n まで) {   //n は適当な反復回数
 4      y ∈ N(x) を一つ選び，Δ ← f(y) − f(x) とする;
 5      Δ が負（改良解）ならば p ← 1，そうでなければ p ← e^{−Δ/t} とする;
 6      確率 p で x ← y とする;
 7      温度 t を少し下げる;
 8    }
 9    これまでに発見された解の中で最良の解を出力する;
10  }
```

図 8.3　焼きなまし法．温度 t ($t > 0$) の初期温度の設定，温度の下げ方には，問題や近傍 $\mathcal{N}(x)$ の設計に応じて様々な戦略がありうる．また，ここでは単純に n 回のループ後に終了するとしているが，探索の終了条件もやはり問題や近傍の設計に応じて様々な工夫の余地がある．

金属を少しずつ冷やしていく焼きなましとよばれる操作に似ていることに由来する．確率は温度とよばれるパラメータによって決定し，その温度を下げていくと確率も次第に下がるように設定されている．この焼きなまし法は，局所探索と同様に最適解が得られるわけではないが，局所解に陥りやすい近傍を用いる場合にそれを避けて解の探索を行うのによく用いられる．

8.2.3 遺伝的アルゴリズム

ある実行可能解のよさそうな部分と別の実行可能解のよさそうな部分を組み合わせてより良い実行可能解を得ることができるならば，それによってより良い解により速く到達できる可能性がある．**遺伝的アルゴリズム**は，解がそのような性質を持つときにその性質を活用することを目指したメタヒューリスティックである．このアルゴリズムの名称は，生物の進化のメカニズムから着想を得てこのアルゴリズムが考えられたことによる．着想が生物進化から来ていることから，アルゴリズム中の操作にも生物学的な用語が用いられることが多い．

遺伝的アルゴリズムは，初期解集合を「進化」させることによってより良い解集合を得ることを目指している．複数の解を組み合わせて新しい解を作成する「交叉」とよばれる操作や，ランダムに解を変形して新たな解を作成する「変異」とよばれる操作を用いて解集合から新たな解集合を作成し，それらを合わせた解集合からよさそうな解を選びなおす，すなわち「淘汰」を行うことによって次の「世代」の解集合を作成する．そして，そのような世代交代を何度も繰り返すことによって解集合を進化させ，その中で発見できた最良の解を出力する（図 8.4）．

```
1   genetic_algorithm(初期解集合 S){
2     for (i = 1 から n まで) {   //n は適当な反復回数
3       T ← next_generation(S);   //次の世代を計算
4       集合 S ∪ T から上位 |S| 個の解を選び，新たな S とする（淘汰）;
5     }
6     これまで発見された解の中で最良の解を出力する．
7   }

8   next_generation(解集合 S) {
9     Q ← 空集合;
10    for (i = 1 から k まで) {   //k は適当な反復回数
11      以下のいずれかの方法で新たな解 x を作成する   {
12        a) S 中の複数の解を選び，それらを組み合わせて新たな解 x を
            作成する（交叉）;
13        b) S 中の解にランダムな変形を施した解 x を作成する（変異）;
14      }
15      x から局所探索を行って改良解 x' を得る;
16      Q ← Q ∪ {x'};
17    }
18    Q を返す;
19  }
```

図 8.4　遺伝的アルゴリズム．アルゴリズム中の重要な操作には生物学的な用語で名称が与えられている．

8.2.4　タブー探索

局所探索法が局所最適解に陥った後も探索を続ける方法の一つとして，他に**タブー探索**とよばれる手法がある（図 8.5）．この手法では，探索にあたってタブーリストとよばれる解集合を保持しながら探索を行い，近傍を探索する際にタブーリストに含まれる解を除外して探索を行う．タブー探索では，このタブーリストに最近探索を行った解を含むことによって，同じ解を何度も探索することなく局所最適解に辿り着いた後も探索を続けることができるようにしている．通常，タブーリストは解の集合そのものではなく最近探索した解を含むような何らかの解の条件のリストとして表現することが多い．このタブーリストをどのように設計すればよいかは問題や近傍の設計によって様々である．

```
1  tabu_search(初期解 s) {
2    x ← s, タブーリスト T ← 空集合;
3    for (i = 1 から n まで) {  //n は適当な反復回数
4      x ← N(x) に含まれ，T に含まれない解のうち最良の解;
5      T を更新する;
6    }
7    これまで発見された解の中で最良の解を出力する;
8  }
```

図 8.5 タブー探索．通常，T は解集合そのものではなく，次に探索する解が満たしてはいけない条件（禁止条件）のリストによって禁止する解集合を表現する．5 行目で T に更新前の x が T に含まれるようにすることで，同じ解を何度も探索するといったことを回避する．また，長期間 T に入っていた解（禁止条件）はしばらくすると T から削除することも多い．

9 ゲーム探索

将棋，囲碁，チェスなど多くのゲームでは，二人のプレーヤーが交互にいくつかの選択肢の中から手を選び，それぞれ最終的に「勝つ」ことを目指す．したがって，これらのゲームは着手可能な選択肢分だけ枝分かれのある木として表現できる．このような木を**ゲーム木**とよぶ（図 9.1）．ゲーム木では，葉はゲームの終了，すなわちどちらかが勝つあるいは引き分けになった盤面に相当する．このとき，先手が勝つと大きい値，後手が勝つと小さい値，引き分けならばその中間の値を葉に割り当てることが考えられる．この値を**ゲーム値**とよぶ．たとえば，先手が勝ちならば +1，後手が勝ちならば −1，引き分けならば 0 などである．このようなゲームでは，先手はなるべく大きな数字が割り当てられた葉に辿り着きたい一方で，後手は小さな数字が割り当てられた葉に辿り着きたいという相反した要求を持つ．すなわち，8.1 節の分枝木の場合と異なり，ゲーム木では深さが偶数の節点と奇数の節点の場合の動作が異なったものとなることに注意が必要である．

本章では，このゲーム木の探索方法について議論する．

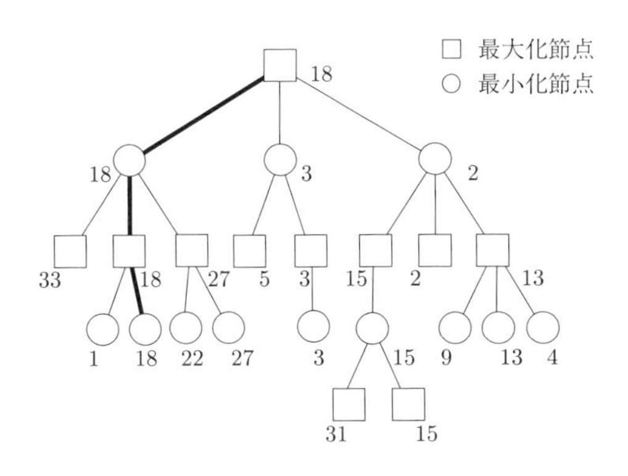

図 9.1　ゲーム木と，ミニマックス法による各節点のゲーム値．太線の枝は最善手に相当する．

9.1　ミニマックス法

ゲーム木においては，ゲーム値の高い葉を選びたいプレーヤーを最大化プレーヤーとよび，最大化プレーヤーがこれから手を打つ盤面に対応する節点を最大化節点とよぶ．逆にゲーム値の低い葉を選びたいプレーヤーは最小化プレーヤーとよび，最小化プレーヤーがこれから手を打つ盤面に対応する節点を最小化節点とよぶ．各節点はその盤面における着手可能な手数と同じだけの子節点を持つ．最大化プレーヤーと最小化プレーヤーが交互に手を打ち，最大化プレーヤーが先手だったとすると，深さが偶数の節点が最大化節点，深さが奇数の節点が最小化節点となる．

ここで，ある節点 v について，v に対応する盤面以降は両プレーヤー共に最善手を続けた場合に v に対応するプレーヤー（v に対応する盤面においてこれから打つプレーヤー）が得られるゲーム値を $g(v)$ とおく．ここで，最善手とは，その場面で選びうるすべての手の中で，自分の手に対し相手が自分にとって最も都合の悪い手を打ったとしてもその後の自分の選択次第で最良のゲーム値を得ることができる手のことをいう．すると，ある節点 v とその子 $w_1, w_2, \ldots, w_m$ について，v が最大化節点であれば

$$g(v) = \max_i g(w_i), \tag{9.1}$$

v が最小化節点であれば

$$g(v) = \min_i g(w_i) \tag{9.2}$$

となる．このとき最善手には，最大化節点ならば最大の，最小化節点ならば最小のゲーム値を持つ子節点が対応する．木のサイズを N とすると，この計算はゲーム上で深さ優先探索を行いながら $O(N)$ で計算できる．このとき必要な空間計算量は，ゲーム木の深さを d として $O(d)$ である．このような計算方法のことを**ミニマックス法**という．ただ，多くのゲーム木ではそのサイズ N が d に対して指数的に大きくなるため，ミニマックス法による最善手の計算は容易ではないことが多い．

9.2　α-β 法

α-β 法は，8.1 節で紹介した分枝限定法と似た枝刈りによってミニマックス法の計算を効率化する手法である．α-β 法では，何らかの方法によって最大化節点 v に対しそのゲーム値 $g(v)$ の下限 $\alpha(v)$ を，最小化節点 w に対してはそのゲーム値 $g(w)$

の上限 $\beta(w)$ を計算し，それらの値を利用して枝刈りする（図 9.2）．ある節点 v のゲーム値 $g(v)$ を得ることができたならば，当然に v の上下限は $\alpha(v) = \beta(v) = g(v)$ とできる．

探索を開始する前は，すべての節点 v について $\alpha(v) = -\infty$, $\beta(v) = +\infty$ とする．ある最大化節点 v の子節点 v' のゲーム値 $g(v')$ が計算されたとき，明らかに $g(v) \geq g(v')$ が成り立つ．このとき，もし $\alpha(v) < g(v')$ であれば，$\alpha(v) = g(v')$ と更新することが可能である．同様に，ある最小化節点 w の子節点 w' のゲーム値 $g(w')$ が計算されたとき，明らかに $g(w) \leq g(w')$ が成り立つ．このとき，もし $\beta(w) > g(w')$ であれば，$\beta(w) = g(w')$ と更新することが可能である．

ここで，ある最大化節点 v のある子節点を探索した結果，v のゲーム値の下限 $\alpha(v)$ が更新されたという状況を考える．すると，その親節点 v'' のゲーム値の上限 $\beta(v'')$ の値と比較して，もし $\alpha(v) > \beta(v'')$ であったならばこれ以上 v の別の子節点を探索する必要はない．なぜならば，その親節点のゲーム値を計算するにあたって v 以下の手が最善手となることはありえないからである．

全く同様にして，ある最小化節点 w のある子節点を探索した結果，w のゲーム値の上限 $\beta(w)$ が更新されたという状況を考える．すると，その親節点 w'' のゲーム値の下限 $\alpha(w'')$ の値と比較して，もし $\beta(w) < \alpha(w'')$ であったならばこれ以上 w の別の子節点を探索する必要はない．なぜならば，その親節点のゲーム値を計算するにあたって w 以下の手が最善手となることはありえないからである．

このようにゲーム木においても，α-β 法によって分枝限定法に類似した探索の

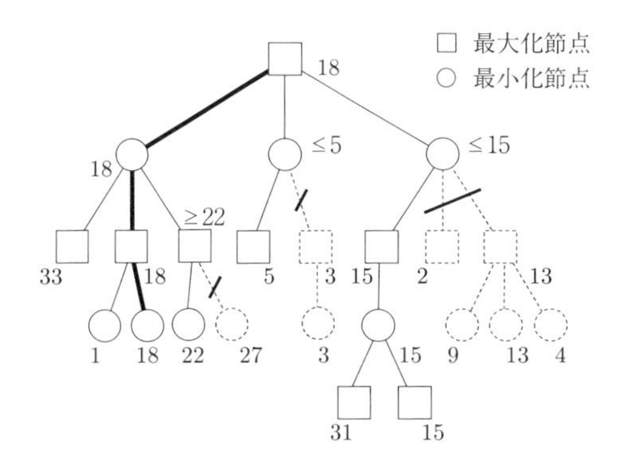

図 9.2 α-β 法．左から深さ優先探索的に探索する場合，点線で描かれた部分は探索する必要がない．

枝刈りを行うことが可能である．

9.3　モンテカルロ探索法

多くのゲームでは，ゲーム木のサイズがあまりにも大きいため，α-β 法を用いても最善手を計算することは非常に困難である．そこで，ゲーム木の探索を途中で打ち切ってその節点に対応する盤面の勝ち負けに関する何らかの評価値を計算し，その評価値を用いてゲーム木の探索を行うといったことが行われる．ただ，どこまで探索するかには工夫が必要である．負けそうな局面の探索をいくら深く探索してもあまり意味はないため，勝てそうな局面に相当する節点とその子孫の探索に注力した方がよく，実際のゲームプログラムの作成においてはそのための様々な工夫がなされる．また，盤面の評価値についても，それが実際の盤面の優勢・劣勢を反映している必要がある．

しかし，良い評価値の設計は必ずしも容易ではない．良い評価値の設計には，そのゲームについてのプレーヤーとしての専門的な知識が要求されることも多い上に，そもそも良い評価値の設計が困難なゲームも多く存在する．**モンテカルロ探索法**は，そのような評価値設計が困難なゲーム木に対して有効なヒューリスティック探索アルゴリズムである．

モンテカルロ探索法では，ある盤面の評価を行うために，その盤面から双方のプレーヤーに（ある程度）ランダムに打たせて最終局面まで打たせることを何度も繰り返し行う．これを**プレイアウト**とよぶ．プレイアウト数を n，そのうち当該プレーヤーが勝ったプレイアウト数を m とすると，その盤面における当該プレーヤーの勝率を m/n と推定することができる．このプレイアウトは勝率を求めるための確率的な挙動に基づくモンテカルロ法の一種であり，このことがモンテカルロ探索法というアルゴリズムの名称の由来となっている．

単純なアルゴリズムでは，この勝率が高い手を選ぶということが考えられる．しかし，これでは，相手の手の多くが悪手だが一部が大変な好手であるような盤面における相手の好手を過小評価することになり，相手の悪手を期待した手を選ぶようなことにもなりかねない．したがって，実際のモンテカルロ探索法にもとづくプログラムにおいては，有望そうな手についてはその節点からすぐプレイアウトを行うのではなく，探索を進めてより深い節点からプレイアウトを行う何らかの工夫をすることが多い．

また，プレイアウト時に完全にランダムに手を選ぶと，勝ち目のない手の勝率についても無駄に同程度のプレイアウトを行ってしまうため，本当に調べたい勝つことができそうな手の勝率の推定がうまくいかないといったことも起こりうる．そのため，単純に調べたいそれぞれの節点からランダムにプレイアウトするのではなく，勝率が高そうな手ほど多めにプレイアウトを行ってより詳しく調べる必要がある．しかしその一方で，単純に最も勝率の高い節点に対してのみプレイアウトを行ったりすると，最初に勝ったプレイアウトが発見された節点ばかりプレイアウトすることが多くなってしまうため，何らかの工夫が必要である．

いくつかプレイアウトで勝率を調べたい節点があったときに，どの節点を調べればよいかを決める方法には様々なものがあるが，そのうちのひとつに，UCB1 (upper confidence bound 1) とよばれる指標を用いる方法がある．以下で紹介する UCT (UCB applied to Trees) アルゴリズムとよばれるモンテカルロ探索アルゴリズムはこの UCB1 値を用いる．

プレイアウトで勝率を調べている節点を p_1, p_2, ..., p_i とする．また，これまで節点 p_i で行ったプレイアウトの総数を n_i，そのうち当該プレーヤーが勝ったプレイアウト数を w_i，これまでのプレイアウト総数を n $(= \sum_i n_i)$ とする．すると，C を適当な正の定数として UCB1 値は次のように定義される．

$$\frac{w_i}{n_i} + C \cdot \sqrt{\frac{\log n}{n_i}}. \tag{9.3}$$

この UCB1 値は，勝率 w_i/n_i が高いものについてより多くのプレイアウトをしたいという欲求と，プレイアウト数がまだ少なく勝率の予測がうまくいっていない可能性がある手についてはもう少しプレイアウトを行いたいという欲求を，うまくバランスすることを目指した評価値である．

UCT アルゴリズムでは，プレイアウトを行った節点についてこの UCB1 値を計算する．また，その節点のプレイアウト数が適当な閾値以上になれば，その子節点を展開し，子節点についても UCB1 値を計算する．そして，プレイアウトは根から UCB1 値が高いものを辿って行って，UCB1 値を計算している末端の節点から行う．なお，この UCT アルゴリズムについては，プレイアウトを無限回数行えば最善手を得られることなどが知られている[*1]．

---

*1 モンテカルロ探索法のさらなる詳細や，UCB1 値および UCT アルゴリズムの理論的背景については[23]に詳しい．

参　考　文　献

[全般] ここに挙げる 3 冊はいずれも，アルゴリズムをさらに深く学ぶことのできる良書である．

[1] T. H. Cormen, C. E. Leiserson, R. L. Rivest and C. Stein: Introduction to Algorithms 3rd ed., MIT Press (2009).（浅野哲夫，岩野和生，梅尾博司，山下雅史，和田幸一訳：アルゴリズムイントロダクション第 3 版（第 3 版の邦訳），近代科学社 (2013).）

[2] J. Kleinberg and É. Tardos: Algorithm Design, Pearson/Addison-Wesley (2006).（浅野孝夫，浅野泰仁，小野孝男，平田富夫訳：アルゴリズムデザイン，共立出版 (2008).）

[3] R. Sedgewick: Algorithms in C: Fundamentals, Data Structures, Sorting, Searching, and Graph Algorithms 3rd ed., Pearson/Addison-Wesley (2001).（野下浩平，佐藤創，星守，田口東訳：アルゴリズム C（第 1 版の邦訳），近代科学社 (1996)，同新版（第 3 版の第 1 部～第 4 部の邦訳），近代科学社 (2004).）

[第 1 章]

[4] 岩間一雄：アルゴリズム理論入門（情報系教科書シリーズ 4），昭晃堂 (2001).

[5] 荻原光徳：複雑さの階層（アルゴリズム・サイエンスシリーズ 6），共立出版 (2006).

[6] M. R. Garey and D. S. Johnson: Computers and Intractability: A Guide to the Theory of NP-Completeness, W. H. Freeman and Company (1979).

[第 4 章]

[7] R. L. Graham, D. E. Knuth, and O. Patashnik: Concrete Mathematics, A Foundation for Computer Science, 2nd ed., Addison-Wesley (1994).（有澤誠，安村道晃，萩野達也，石畑清：コンピュータの数学（第 1 版の邦訳），共立出版 (1993).）

[8] H. Samet: Foundations of Multidimensional and Metric Data Structures, Morgan Kaufmann (2006).

[第 6 章]

[9] D. Gusfield: Algorithms on Strings, Trees, and Sequences: computer science and computational biology, Cambridge University Press (1997).

[10] W. Sung: Algorithms in Bioinformatics: a practical introduction, Chapman & Hall/CRC (2010).

[11] D. Salomon and G. Motta: Handbook of Data Compression, Springer (2010).

[12] 岡野原大輔：高速文字列解析の世界，岩波書店 (2012).

[13] T. M. Cover and J. A. Thomas: Elements of Information Theory, 2nd Edition, J. Wiley (2006).（山本博資，古賀弘樹，有村光晴，岩本貢訳：情報理論 基礎と広がり（第2版の邦訳），共立出版 (2012).）

[14] 今井秀樹：情報・符号・暗号の理論（電子情報通信レクチャーシリーズ C-1），コロナ社 (2004).

［第 7 章］

[15] R. Motwani and P. Raghavan: Randomized Algorithms, Cambridge University Press (1995).

[16] 玉木久夫：乱択アルゴリズム（アルゴリズム・サイエンスシリーズ 4），共立出版 (2008).

[17] 徳山豪：オンラインアルゴリズムとストリームアルゴリズム（アルゴリズム・サイエンスシリーズ 5），共立出版 (2007).

[18] V. Shoup: A Computational Introduction to Number Theory and Algebra, 2nd ed., Cambridge University Press (2009).

[19] B. Korte and J. Vygen: Combinatorial Optimization: Theory and Algorithms, 5th Edition, Springer-Verlag (2012).（浅野孝夫，平田富夫，小野孝男，浅野泰仁訳：組合せ最適化第 2 版 理論とアルゴリズム（第 4 版の邦訳），丸善出版 (2012).）

[20] 茨木俊秀：最適化の数学（共立講座 21 世紀の数学 13），共立出版 (2011).

［第 8 章］

[21] 藤澤克樹，梅谷俊治：応用に役立つ 50 の最適化問題（応用最適化シリーズ 3），朝倉書店 (2009).

[22] 柳浦睦憲，茨木俊秀：組合せ最適化 メタ戦略を中心として（経営科学のニューフロンティア 2），朝倉書店 (2001).

［第 9 章］

[23] 松原仁（編），美添一樹，山下宏：コンピュータ囲碁 モンテカルロ法の理論と実践，共立出版 (2012).

索　　引

欧　文

あ　行

か　行

さ　行

た　行

な　行

は　行

ま　行

や　行

ら　行

東京大学工学教程

著者の現職

渋谷哲朗（しぶや・てつお）
東京大学医科学研究所ヒトゲノム解析センター　准教授

東京大学工学教程　情報工学
アルゴリズム

平成 28 年 11 月 20 日　発　　行
平成 30 年 7 月 20 日　第 2 刷発行

編　者　東京大学工学教程編纂委員会

著　者　渋　谷　哲　朗

発行者　池　田　和　博

発行所　丸善出版株式会社
〒101-0051 東京都千代田区神田神保町二丁目17番
編 集：電話 (03)3512-3266／FAX (03)3512-3272
営 業：電話 (03)3512-3256／FAX (03)3512-3270
https://www.maruzen-publishing.co.jp

印刷・製本／三美印刷株式会社

ISBN 978-4-621-30113-5 C 3355　　Printed in Japan